TEUBNER-TEXTE zur Informatik Band 25

G. Hotz

Algorithmische Informationstheorie

TEUBNER-TEXTE zur Informatik

Als relativ junge Wissenschaft lebt die Informatik ganz wesentlich von aktuellen Beiträgen. Viele Ideen und Konzepte werden in Originalarbeiten, Vorlesungsskripten und Konferenzberichten behandelt und sind damit nur einem eingeschränkten Leserkreis zugänglich. Lehrbücher stehen zwar zur Verfügung, können aber wegen der schnellen Entwicklung der Wissenschaft oft nicht den neuesten Stand wiedergeben.

Die Reihe „TEUBNER-TEXTE zur Informatik" soll ein Forum für Einzel- und Sammelbeiträge zu aktuellen Themen aus dem gesamten Bereich der Informatik sein. Gedacht ist dabei insbesondere an herausragende Dissertationen und Habilitationsschriften, spezielle Vorlesungsskripten sowie wissenschaftlich aufbereitete Abschlußberichte bedeutender Forschungsprojekte. Auf eine verständliche Darstellung der theoretischen Fundierung und der Perspektiven für Anwendungen wird besonderer Wert gelegt. Das Programm der Reihe reicht von klassischen Themen aus neuen Blickwinkeln bis hin zur Beschreibung neuartiger, noch nicht etablierter Verfahrensansätze. Dabei werden bewußt eine gewisse Vorläufigkeit und Unvollständigkeit der Stoffauswahl und Darstellung in Kauf genommen, weil so die Lebendigkeit und Originalität von Vorlesungen und Forschungsseminaren beibehalten und weitergehende Studien angeregt und erleichtert werden können.

TEUBNER-TEXTE erscheinen in deutscher oder englischer Sprache.

Algorithmische Informationstheorie

Statistische Informationstheorie und Anwendungen auf algorithmische Fragestellungen

Von Prof. Dr. Günter Hotz
Universität des Saarlandes, Saarbrücken

B. G. Teubner Verlagsgesellschaft
Stuttgart · Leipzig 1997

Prof. Dr. Günter Hotz

Günter Hotz wurde 1931 in Rommelhausen geboren. Er studierte von 1952 bis 1958 Mathematik und Physik in Frankfurt und Göttingen, wo er 1958 in Mathematik promovierte. Nach dreijähriger Tätigkeit als Entwicklungsingenieur im Bereich Rechnerentwicklung in der Firma AEG-Telefunken ging er als Stipendiat der Fritz-Thyssen-Stiftung an das von Johannes Dörr geleitete Institut für Angewandte Mathematik der Universität Saarbrücken. In Abwehr eines Rufes auf eine Professur für Numerische Mathematik an der Universität Hamburg erhielt er 1969 eine Professur für Numerische Mathematik und Informatik an der Universität des Saarlandes, die er auch heute noch innehat. Im gleichen Jahr wurde er zum Gründungsvorsitzenden der Gesellschaft für Informatik (GI) gewählt.

Gedruckt auf chlorfrei gebleichtem Papier.

Die Deutsche Bibliothek – CIP-Einheitsaufnahme

Hotz, Günter:
Algorithmische Informationstheorie :
statistische Informationstheorie und Anwendungen auf algorithmische Fragestellungen /
von Günter Hotz. – Stuttgart ; Leipzig : Teubner, 1997
(Teubner-Texte zur Informatik ; Bd. 25)
ISBN-13: 978-3-8154-2310-3 e-ISBN-13: 978-3-322-81036-6
DOI: 10.1007/ 978-3-322-81036-6

Satz: Druckhaus „Thomas Müntzer“ GmbH, Bad Langensalza
Umschlaggestaltung: E. Kretschmer, Leipzig

Vorwort

Das vorliegende Buch enthält den Teil 1 meiner Vorlesung „Algorithmische Informationstheorie“ im WS 1996/97. Dieser Teil beinhaltet eine Einführung in die statistische Informationstheorie, die von Shannon 1948 begründet wurde. Ich gebe dieses Buch heraus, da die Vorlesung auch den Anwendungen dieser Theorie auf algorithmische Probleme nachgeht. Daß die Entropie einer Quelle als untere Schranke für die Laufzeit von Suchprogrammen verwendet werden kann, ist seit 20 Jahren bekannt, ohne daß aber die Konzepte der Informationstheorie eine systematische Anwendung in diesem Bereich erfahren haben. So wurden Markovquellen im Zusammenhang mit effizienten Suchverfahren bei geordneten Schlüsseln erstmals 1992 vom Autor diskutiert. Die Vorlesung geht auf die Frage der Gewinnung unterer Schranken für die mittlere Laufzeit von Algorithmen ein und versucht die Kodierungstheoreme zur Konstruktion effizienter Algorithmen zu nutzen.

Frau Susanne Balzert hat das Manuskript in LaTeXgeschrieben. Herr Frank Schulz, der auch die Übungen zu der Vorlesung betreute, und Herr Hein Röhrig haben das Manuskript gelesen und durch kritische Kommentare zu Verbesserungen beigetragen. Ihnen und meinen kritischen Hörern danke ich dafür herzlich. Herrn Frank Schulz bin ich darüber hinaus auch Dank schuldig für die Endredaktion des zunächst nur als technischer Bericht vorliegenden Textes.

Saarbrücken, Juli 1997 Günter Hotz

Inhalt

Einleitung

Der Gegenstand unserer Theorie ist nicht die Frage „*was ist Information*“, sondern die Frage „***wie** kann man Information messen*“, und auf welche Weise man von diesen Maßen Gebrauch machen kann.
Wir versuchen der Methode der Physik zu folgen, die auch nicht sagt, was Materie ist, sondern wie sich Materie in allen ihren Formen in ihren beobachtbaren Situationen verhält. Wenn hierüber vollständig Auskunft gegeben werden kann, dann weiß man alles über Materie Wißbare.
Wir haben eine intuitive Vorstellung von Information, der wir uns auf verschiede Weisen messend zu nähern versuchen. Diese Ansätze wird man dann als erfolgreich bezeichnen können, wenn sie uns zu Aussagen führen, die in konkreten Situationen hilfreich sind. Sei es, daß sie die Lösung praktischer Probleme erleichtern, oder sei es, daß sie zu einem besseren Verständnis sich stellender Fragen führen.
Wir werden dabei nicht alle Facetten der intuitiven Vorstellung ausfüllen können, aber der Erfolg der ersten Schritte wird uns ermutigen, den begonnenen Weg weiter zu gehen.

Informationen nehmen wir mit allen unseren Sinnen auf. Wir reagieren auf Informationen in Abhängigkeit davon, wie wir diese Informationen verstehen. Der Gebrauch des Wortes *Information* ist bei weitem nicht eindeutig. Informationen im Sinne von wahrgenommmenen Sinneseindrücken bezeichnen wir oft auch als Lärm oder Rauschen oder Geflimmer und verwenden die Bezeichnung *Information* nur dann, wenn wir die empfangenen Signale auch irgendwie *verstehend* einordnen können. Nun, wie jeder weiß, kann man Dinge mehr oder weniger verstehen, so daß wir das Verstehen nicht zu einem Kriterium für Information machen werden, sondern höchstens versuchen werden, für den Strom von Signalen Maße zu entwickeln, die auch Aspekte des Verstehens zu erfassen vermögen. *Verstehen* hängt sicher zusammen mit der Möglichkeit, Ordnungen im Datenstrom zu erkennen. Dieses Erkennen mag so weit gehen, daß wir aus den Anfangswerten eines solchen Datenstromes seinen weiteren Verlauf vorhersagen können. Wenn das der Fall ist, dann wird man, wenn man z.B. diesen Datenstrom jemandem mitteilen möchte, nicht den ganzen Strom senden, sondern nur einen Anfangswert und das Gesetz, nach dem sich die folgenden Ereignisse berechnen lassen. Wir sehen, daß in diesem Sinne die Wissenschaften alle an dem Problem der *Datenreduktion* arbeiten, d.h. im weitesten Sinne mit Aspekten zu tun haben, die uns im Rahmen einer Informationtheorie interessieren werden.

Die einfachste Form einer Informationsverarbeitung besteht in der Informationsvermittlung, d.h. im Transport von Information. Das ist ein Geschäft, das alle Nachrichtendienste betreiben, indem sie uns beschriebenes Papier ins Haus bringen, oder Sendungen über elektrische Leitungen oder auch durch Funk übertragen.
Informationen, die uns so zugestellt werden, haben einen verschiedenen Wert für den Vertreiber der Nachrichten, den einzelnen Empfänger und den Vermittler der Nachrichten. Eine Information, die viele Leute veranlaßt, eine Zeitung zu kaufen, hat für den Verleger einen hohen Wert. Für den Setzer des Zeitungstextes ist hinsichtlich seiner Tätigkeit nur die Länge des zugehörigen Textes wichtig. Einige Leute wird die Nachricht nicht interessieren. Die Bewertung der Information wird also für diese drei Kategorien von Leuten, die mit der Nachricht zu tun haben, sehr verschieden ausfallen. Für den Vertreiber ergibt sie sich aus seinem geschätzten Verdienst, für den Setzer aus der Arbeit des Setzens, der Wert der Nachricht für den Leser ist schwer einzuschätzen.
Eine einfache Situation haben wir vor uns, wenn Texte, die etwa im Deutschen oder allgemeiner unter Verwendung eines endlichen Alphabetes niedergelegt wurden, in Texte in einem anderen Alphabet übersetzt werden sollen, und zwar so, daß aus diesen neuen Texten jeweils der ursprüngliche Text rekonstruiert werden kann, und mit der Nebenbedingung, daß der neue Text eine minimale Länge besitzt. Die Motivation für diese Aufgabe kann die Abspeicherung der Texte in einem Rechner sein, dessen Speicherplatz teuer ist, oder die elektronische Übertragung des Textes an einen anderen Ort. Im letzten Fall werden die Kosten durch die Zeit bestimmt, in der der Text den Übertragungskanal in Anspruch nimmt. Enthalten Texte mehrfach gleiche Abschnitte, dann kann man die Übersetzung für einen dieser Abschnitte vornehmen und dort, wo er auch stehen sollte, einen Verweis auf den in der Übersetzung bereits vorhandenen Abschnitt anbringen. Das ist eine sehr einfache Methode der Textkomprimierung. Sie wird aber nur dann erfolgreich sein, wenn die Verweise kürzer sind, als die Textabschnitte, auf die verwiesen wird. Weiter muß man darauf achten, daß hintereinander abgelegte Texte auch wieder als getrennte Texte erkennbar sind. Diese Eigenschaft wird für uns später eine Rolle spielen. Anstelle der Verwendung von Verweisen, könnte man auch Kodierungen

des Textes verwenden, die häufiger vorkommende Abschnitte kürzer kodieren als längere. Diese Idee liegt dem Morsealphabet zugrunde und sie wurde von Shannon zur Grundlage seiner 1948 publizierten *Informationstheorie* gemacht, die die Übertragung von unendlichen Folgen von Nachrichten über Kanäle behandelt. In der Theorie werden die Informationsströme rein nach statistischen Gesichtspunkten klassifiziert und Kanäle als nicht zuverlässig angesehen. Die Störungen werden ebenfalls rein statistisch beschrieben. Unter sehr allgemeinen Voraussetzungen garantiert diese Theorie eine zuverlässige Übertragung der Information über Kanäle. Diese Theorie werden wir für *einfache* Kanäle entwickeln. Wir diskutieren dann Möglichkeiten einer *effizienten* Kodierung und Dekodierung der Nachrichten und erhalten Anwendungen auf das Suchproblem in Datenbanken. Hierbei kommt der algorithmische Aspekt erstmals ins Spiel.
Shannon hat dem Aufwand, der mit der Kodierung und Dekodierung der Nachrichten verbunden ist, keine Beachtung geschenkt. Natürlich wurden leistungsfähige Kodierungsverfahren entwickelt, die eine kontinuierliche Datenübertragung über die Kanäle gewährleisten. Es wurde aber die Komplexität des Kodierens und Dekodierens nicht grundsätzlich mit dem Kodierungstheorem in Verbindung gebracht.

Geht man davon aus, daß die Aufgaben des Kodierens und Dekodierens von universellen Maschinen übernommen werden, dann muß man die dazu erforderliche Berechnungskomplexität mit in Rechnung stellen. Das führt zu zwei neuen Gesichtspunkten: Der erste besteht darin, den Kode für eine Nachricht als Programm für den Rechner zu interpretieren, der die Dekodierung vornimmt. Damit verwandelt sich die Aufgabe, für eine Nachricht eine kürzeste Kodierung zu finden, in die Frage nach einem kürzesten Programm, das diese Nachricht erzeugen kann. Was nämlich können wir zur Komprimierung einer Nachricht besseres tun, als ein möglichst kurzes Programm anzugeben, das diese Nachricht hervorbringt? Diese Idee zusammen mit der Vorstellung, daß zufällige Folgen ihre eigene kürzeste Beschreibung darstellen sollten, die sich aus der statistischen Information zumindest nach einer Mitteilung ergibt,hat Kolmogoroff zu einer Fassung des lange offenen Problemes geführt, nämlich einer mathematisch befriedigenden Fassung des Konzeptes der *zufälligen* Folgen. Unter diesem Aspekt verlangt also die optimale Kodierung einer Nachrichtenfolge bei Abwesenheit von Störungen die Übersetzung dieser Folge in eine zufällig erscheinenden Folge, womit natürlich auch das Problem der Kryptographie gelöst wäre, wenn der effiziente Compiler der Zielmaschine nicht bekannt ist.
Offensichtlich kommen hier nun Komplexitätsfragen ins Spiel. Es mag sein,

daß zur Erzielung optimaler oder doch sehr guten Kodierungen, deren Existenz durch die Shannon'schen Sätze gewährleistet ist, die zur Berechnung der Kodierung erforderliche Zeit so groß ist, daß dadurch die Kapazität des gesamten Kanales, der Kodier- und Dekodierungseinrichtungen mitumfaßt, eine niedrigere Kapazität besitzt, als der ursprünglich vorgegebene Kanal. Hierdurch werden die Kodierungstheoreme in ihrem praktischen Sinne in Frage gestellt. Beide Fragen gehören in den Bereich der Komplexitätstheorie. Die Frage nach den kürzesten Programmen ohne den Aspekt der Ressourcenbeschränkung an Zeit und Speicherplatz wird unter der Überschrift *Kolmogoroff-Komplexität* behandelt. Die Verfeinerung der Theorie, die sich durch die Einbeziehung der Ressourcenbeschränkung ergibt, geht auf Arbeiten Schnorrs zurück.
Es ist oben schon eine Verbindung der Informationstheorie zu den Naturwissenschaften angeklungen. Wir wollen diesen Zusammenhang nun noch etwas deutlicher herausarbeiten. Wir betrachten den Fall der Übertragung eines Fußballspieles. Die Spieler sind in ihren Bewegungen ebenso wie der Flug des Balles den Gesetzen unterworfen, die das Zusammenspiel von Kräften und Massen beschreiben. Somit ist der Bewegungsablauf auf dem Spielfeld bei weitem nicht zufällig; ein im schnellen Lauf befindlicher Spieler kann nicht unmittelbar anhalten. Ein abgefeuerter Ball wird, solange er nicht einen anderen Gegenstand trifft, eine berechenbare Bahn beschreiben. Ein Übertragungssystem muß also gar nicht den gesamten Flug, zumindest eines weiten Abschlages filmen, es genügt, die Anfangswerte zu messen, um zu berechnen, wann der Ball frühestens wieder Kontakt mit einem Spieler oder der Erde haben wird. Diese Berechnung aber kann der heimische Computer des Betrachters durchführen und das bereits empfangene Bild des Stadions entsprechend modifizieren. Wir sehen, daß die Kodierung von Ereignissen in unserer Welt zwecks einer effizienten Nachrichtenübertragung sehr mit der naturgesetzlichen Erfassung der Vorgänge in der Welt zu tun hat. Natürlich nicht allein mit diesen Vorgängen, sondern auch mit unseren Interessen, die z.B. die Kamerafrau wahrzunehmen versucht. Die Aufteilung in Nachrichtenquelle, Kanal und Empfänger wird spätestens hier problematisch. Kompliziert wird das ganze noch dadurch, daß wir es i.a. nicht mit *einer* Quelle und *einem* Empfänger zu tun haben, sondern mit einer Vielzahl, die über ein Netz von Kanälen kommunizieren.

Die Vorlesung gliedert sich in zwei Teile. Im ersten Teil, der die Kapitel 1 bis 3 umfaßt, entwickeln wir die Grundlagen der statistischen Informationstheorie. Besonderes Gewicht wird hierbei auch auf die Anwendungen der Konzepte zur Beurteilung und Lösung algorithmischer Probleme gelegt. Es werden dabei Möglichkeiten beschrieben, untere Schranken für algorithmische Probleme zu berechnen. Anwendungen auf das Sortierproblem führen in den Fällen, daß die Problemquellen ein statistisch einfaches Verhalten zeigen, zu Sortieralgorithmen mit im Mittel linearer Laufzeit bei fester Quelle und variabler Größe des Sortierproblemes. Diese Resultate und ein entsprechendes Resultat für das konvexe-Hülle-Problem werden hier erstmals publiziert.

Kapitel 1

Statistische Informationstheorie im Falle diskreter ungestörter Kanäle

1.1 Definition der Entropie einer Quelle

Sei A eine endliche Menge; A wird in dem hier betrachteten Zusammenhang üblicherweise als Alphabet bezeichnet. A^* bezeichnet die Menge der Wörter über dem Alphabet A, A^n die Menge der Wörter der Länge n und $\epsilon \in A^*$ das leere Wort. Die Menge der unendlichen Folgen über A sei A^∞. Eine Quelle ist hier eine Einrichtung, die Elemente $a \in A$ erzeugt, und zwar pro Zeiteinheit ein Zeichen. In endlicher Zeit produziert also die Quelle ein Wort $w \in A^*$. Ist t die Zeitdauer, dann ist $t = |w|$ die Länge des Wortes w. Ist die Quelle in alle Ewigkeit aktiv, dann erzeugt sie also unendliche Folgen $w \in A^\infty$.

Das Alphabet charakterisiert die Quelle nicht vollständig. Hinzu kommt eine Funktion, die angibt, mit welcher Wahrscheinlichkeit wir das Wort $w \in A^*$ als Ausgabe der Quelle erwarten können. Diese Wahrscheinlichkeit bezeichnen wir mit $p(w)$. Es ist also

$$p : A^* \longrightarrow [0,1]$$

eine Abbildung mit $0 \leq p(w) \leq 1$ für $w \in A^*$ und $\sum_{w \in A^*} p(w) = 1$. Da die Quelle w nicht auf einen Schlag, sondern Zeichen für Zeichen ausgibt, fordern wir

$$p(w) = \sum_{a \in A} p(w \cdot a);$$

dabei unterscheiden wir in der Bezeichnung nicht zwischen der Wahrscheinlichkeit $p(w)$, daß die Quelle das Wort $w \in A^t$ ausgibt oder $w_a \in A^{t+1}$.

Wir sagen, daß die Quelle kein Gedächtnis besitzt oder *gedächtnislos* ist, wenn

$$p(w \cdot a) = p(w) \cdot p(a) \quad \text{für} \quad w \in A^*, a \in A$$

gilt. Wir betrachten in diesem Kapitel nur die Fälle, daß die Quelle gedächtnislos ist.
Im folgenden spielt die Funktion (Fig. 1.1)

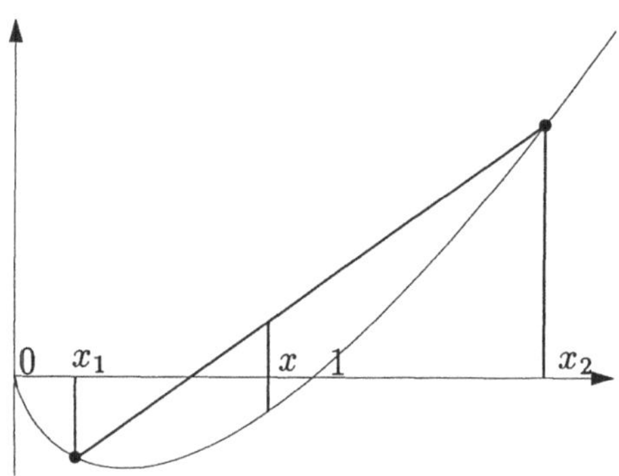

Figur 1.1: Funktion $\phi(x)$

$$\phi(x) = \begin{cases} 0 & \text{für} \quad x = 0 \\ x \log x & \text{für} \quad x > 0 \end{cases}$$

eine ausgezeichnete Rolle. Dabei ist log der Logarithmus zur Basis 2. $\phi(x)$ ist eine konvexe Funktion, wie man durch Anwendung des Mittelwertsatzes beweisen kann.
Konvexität besagt, daß für alle $\lambda \in [0,1]$ und $x_1, x_2 \in \mathbb{R}^+$

$$\phi(\lambda x_1 + (1-\lambda)x_2) \leq \lambda\phi(x_1) + (1-\lambda)\phi(x_2)$$

gilt. Das Gleichheitszeichen gilt für $x_1 \neq x_2$ genau dann, wenn $\lambda \in \{0,1\}$ ist. Aus der Konvexität folgt nun für eine Verteilung $0 \leq p_1, \ldots, p_n \leq 1, \sum p_i = 1$ und für $x_1, \ldots, x_n \in \mathbb{R}^+$, daß

$$\begin{aligned} &\phi(p_1 x_1 + \ldots + p_n x_n) \\ &\leq \begin{cases} p_1 \cdot \phi(x_1) & \text{für} \quad p_1 = 1 \\ p_1\phi(x_1) + (1-p_1)\phi\left(\frac{p_2}{1-p_1}x_2 + \ldots + \frac{p_n}{1-p_1}x_n\right) & \text{sonst.} \end{cases} \end{aligned}$$

Nun können wir hieraus induktiv auf

$$\phi(p_1 x_1 + \ldots + p_n x_n) \leq p_1\phi(x_1) + (1-p_1)(p_2'\phi(x_2) + \ldots + p_n'\phi(x_n))$$

schließen, wenn

$$p_i' = \frac{p_i}{1-p_1}\ ,\ i = 2, \ldots, n$$

gesetzt wird. Daraus folgt aber unmittelbar die Behauptung. Darüber hinaus folgt, daß für $x_i \neq x_j$ für $i, j = 1, \ldots, n$ und $i \neq j$ Gleichheit genau dann gilt, wenn $p_i = 1$ für ein i gilt.

Nun wenden wir diese Beziehung auf den Sonderfall $p_1 = \ldots = p_n = \frac{1}{n}, 0 \leq x_1, \ldots, x_n \leq 1$ und $\sum x_i = 1$ an und erhalten

$$\phi\left(\frac{1}{n}\right) = \phi\left(\sum_i x_i \cdot \frac{1}{n}\right) \leq \sum_i \frac{1}{n}\phi(x_i)$$

und hieraus

$$-\frac{1}{n}\log n \leq \frac{1}{n}\sum_i \phi(x_i)$$

oder

$$-\sum_i \phi(x_i) \leq \log n.$$

Schreiben wir für x_i nun p_i, dann erhalten wir in üblicher Notation

$$-\sum_{i=1}^{n} p_i \log p_i \leq \log n.$$

Die Funktion

$$H(p_1, \ldots, p_n) := -\sum_{i=1}^{n} p_i \log p_i$$

wird als Entropie bezeichnet. Man rechnet leicht nach, daß

$$H(p_1, \ldots, p_n) = \log n$$

genau dann gilt, wenn

$$p_1 = p_2 = \ldots = p_n = \frac{1}{n}$$

erfüllt ist.

$H(p_1, \ldots, p_n)$ ist das von Shannon eingeführte Maß für die Information, die die Quelle (A, p) mit $A = \{a_1, \ldots, a_n\}$ und $p(a_i) = p_i$ pro Zeiteinheit im Mittel produziert. Um diese Definition verständlicher zu machen, beweisen wir noch einige weitere Eigenschaften von $H(p_1, \ldots, p_n)$, die uns auch bei anderen Gelegenheiten hilfreich sind.

Zunächst bemerkt man, daß für jede Permutation $i_1, \ldots, i_n$

$$H(p_1, \ldots, p_n) = H(p_{i_1}, \ldots, p_{i_n})$$

gilt, d.h., daß $H(p_1, \ldots, p_n)$ *symmetrisch* ist. Das erlaubt es uns, auch kürzer $H(p)$ zu schreiben.
Wir betrachten nun den Fall, daß als Alphabet der Quelle aus zwei Alphabeten, die nicht notwendig verschieden sein müssen, zusammengesetzt ist. Es sei also B ein weiteres Alphabet und die Quelle produziere pro Zeiteinheit ein Paar $(a, b) \in A \times B$. Es sei

$$\pi : A \times B \longrightarrow [0,1]$$

eine Wahrscheinlichkeitsverteilung und

$$p(a) = \sum_{b \in B} \pi(a,b) \ , \ q(b) = \sum_{a \in A} \pi(a,b)$$

und

$$\pi(b|a) = \begin{cases} 0 & \text{für} \quad p(a) = 0 \\ \frac{\pi(a,b)}{p(a)} & \text{für} \quad p(a) \neq 0 \end{cases} .$$

Offensichtlich sind $p : A \longrightarrow [0,1]$ und $q : B \longrightarrow [0,1]$ Wahrscheinlichkeitsverteilungen.
Entsprechend wird $\pi(a|b)$ definiert. Man hat dann die Identitäten

$$\pi(a,b) = p(a) \cdot \pi(b|a) = q(b) \cdot \pi(a|b)$$

und

$$\begin{aligned} \sum_{b \in B} \pi(b|a) &= 1 \quad \text{für alle } a \in A \\ \sum_{a \in A} \pi(a|b) &= 1 \quad \text{für alle } b \in B \end{aligned}$$

Es ist auch üblich, anstelle von $H(p)$ die Bezeichnung $H(A)$ und entsprechend für $H(\pi)$ die Bezeichnung $H(A \times B)$ zu verwenden. Die Bezeichnung $A \times B$ impliziert also nicht, daß z.B. $\pi(a,b) = p(a) \cdot q(b)$ gilt. Falls diese Relation gilt, sagen wir, daß p und q *unabhängig* voneinander sind. Diese Eigenschaft entspricht der Gedächtnislosigkeit von Quellen, wenn man hintereinander erzeugte Paare betrachtet.
Wir verwenden weiter die Notationen

$$H_a(B) = H(\pi(b_1|a), \ldots, \pi(b_m|a))$$

und

$$H_A(B) = \sum_{a \in A} p(a) H_a(B).$$

$H_a(B)$ bezeichnen wir als die durch a bedingte und $H_A(B)$ als die von A bedingte Entropie von B.
Mit diesen Bezeichnungen hat man

$$\begin{aligned} -H(A \times B) &= \sum_{a,b} \pi(a,b) \log \pi(a,b) = \sum_{a,b} \pi(a,b) \log p(a) \cdot \pi(b|a) \\ &= \sum_{a,b} \pi(a,b)(\log p(a) + \log \pi(b|a)) \\ &= \sum_{a} p(a) \log p(a) + \sum_{a} p(a) \sum_{b} \pi(b|a) \log \pi(b|a) \end{aligned}$$

d.h.

$$H(A \times B) = H(A) + H_A(B).$$

Als Symmetriegründen gilt auch

$$H(A \times B) = H(B) + H_B(A).$$

Sind p und q unabhängig, dann gilt

$$H_a(B) = H_{a'}(B) \quad \text{für} \quad a, a' \in A$$

und damit

$$H(A \times B) = H(A) + H(B).$$

Weiter gilt

$$\begin{aligned} -H_A(B) &= \sum_{a,b} p(a)\phi(\pi(b|a)) \geq \sum_{b} \phi(\sum_{a} p(a)\pi(b|a)) \\ &= \sum_{b} \phi(\sum_{a} \pi(a,b)) = \sum_{b} \phi(q(b)) = -H(B). \end{aligned}$$

Hieraus und aus obiger Gleichung folgt

$$H(A \times B) \leq H(A) + H(B).$$

Wir fassen unsere Resultate in dem folgenden Satz zusammen und interpretieren sie.

Satz 1.1
Es gilt unter der Verwendung der oben eingeführten Bezeichnungen:

(1) $H(p_1, \ldots, p_n)$ *ist stetig in* $p_1, \ldots, p_n$.

(2) $H(p_1, \ldots, p_n)$ *ist symmetrisch.*

(3) $H(p_1, \ldots, p_n) \leq H\left(\frac{1}{n}, \ldots, \frac{1}{n}\right), H\left(\frac{1}{2}, \frac{1}{2}\right) = 1$

(4) $H(p_1, \ldots, p_n, 0) = H(p_1, \ldots, p_n)$

(5) $H(A \times B) = H(A) + H_A(B)$

(6) $H(A \times B) \leq H(A) + H(B)$ *mit '=' für* p, q *unabhängig*

(7) $H_A(B) \leq H(B)$ *mit '=' für* p, q *unabhängig*

Darüber hinaus wird H *durch (1) bis (7) eindeutig bestimmt.*

Bevor wir die in diesem Satz enthaltenen Relationen interpretieren, beweisen wir den zweiten Teil des Satzes, der feststellt, daß diese Relationen H eindeutig bestimmen. Der Beweis läuft über die Stufen I bis V.

I. Setzen wir $L(n) = H(\frac{1}{n}, \ldots, \frac{1}{n})$, dann folgt aus (3) und (4)

$$L(n) = H\left(\frac{1}{n}, \ldots, \frac{1}{n}\right) = H\left(\frac{1}{n}, \ldots, \frac{1}{n}, 0\right) \leq L(n+1).$$

Wegen (3) haben wir damit

$$L(2) = 1, L(n) \leq L(n+1) \quad \text{und} \quad L(n) > 0 \quad \text{für} \quad n \geq 2.$$

II. Es gilt

$$L(n^k) = k \cdot L(n).$$

Beweis: Man erhält die Verteilung $\frac{1}{n^k}$ als k-faches Produkt der unabhängigen Wahrscheinlichkeitsverteilung $\frac{1}{n}$; dies folgt aus (6).

III. Wir zeigen

$$L(n) = \log(n).$$

Nun gibt es zu $n, r, s \in \mathbb{N}$ mit $r, s > 1$ ein $m \in N$, so daß

$$r^m \leq s^n < r^{m+1} \qquad (*)$$

gilt. Hieraus erhält man durch logarithmieren

$$\begin{aligned} m\log r &\leq n\log s < (m+1)\log r, \\ \frac{m}{n} &\leq \frac{\log s}{\log r} < \frac{m}{n} + \frac{1}{n}. \end{aligned}$$

Ebenso folgt aus I. und II. und (*)

$$mL(r) \leq nL(s) \leq (m+1)L(r)$$

und

$$\frac{m}{n} \leq \frac{L(s)}{L(r)} \leq \frac{m}{n} + \frac{1}{n}$$

Aus beiden Ungleichungen ergibt sich

$$\left|\frac{\log s}{\log r} - \frac{L(s)}{L(r)}\right| \leq \frac{1}{n}$$

n ist aber von r und s unabhängig, so daß

$$\frac{\log s}{\log r} = \frac{L(s)}{L(r)}$$

folgt. Halten wir nun r fest und setzen wir $\lambda = \frac{L(r)}{\log(r)}$, dann gilt

$$L(s) = \lambda \cdot \log s.$$

Aus (3) folgt $\lambda = 1$, wenn wir $s = 2$ setzen.

IV. Unsere Behauptung gilt für rationale Wahrscheinlichkeitsverteilung. Sei also $p_1, \ldots, p_n \in \mathbb{Q}$. Dann finden wir $g_1, \ldots, g_n, g \in \mathbb{N}_0$ mit $g = g_1 + \ldots + g_n$ und

$$p_i = \frac{g_i}{g} \quad \text{für} \quad i = 1, \ldots, n.$$

Wir betrachten

$$A = \begin{pmatrix} a_1 & \ldots & a_n \\ p_1 & \ldots & p_n \end{pmatrix}$$

und das Alphabet B mit der Verteilung

$$B = \begin{pmatrix} b_1 & \ldots & b_g \\ \frac{1}{g} & \ldots & \frac{1}{g} \end{pmatrix}$$

Wir setzen

$$\pi(a_i, b_j) = \begin{cases} \frac{1}{g} & \text{für} \quad g_1 + \ldots + g_{i-1} < j \leq g_1 + \ldots + g_i \\ 0 & \text{sonst} \end{cases}$$

Wir haben dann mit (2) und III.

$$H(A \times B) = H\Big(\underbrace{\frac{1}{g}, \ldots, \frac{1}{g}}_{g \text{ mal}}, 0, \ldots, 0\Big) = \log g.$$

Weiter gilt

$$\begin{aligned} H_A(B) &= \sum_{i=1}^{n} p_i H_{a_i}(B) = \sum_{i=1}^{n} p_i H\left(\frac{1}{g} \cdot \frac{g}{g_i}, \ldots, \frac{1}{g} \cdot \frac{g}{g_i}, 0, \ldots, 0\right) \\ &= \sum_{i=1}^{n} p_i H\left(\frac{1}{g_i}, \ldots, \frac{1}{g_i}\right) \\ &= \sum_{i=1}^{n} p_i \log g_i \end{aligned}$$

Wegen (5) gilt nun

$$\log g = H(A) + \sum_{i=1}^{n} p_i \log g_i,$$

und

$$\begin{aligned} H(A) &= -\left(\sum_{i=1}^{n} p_i \log g_i - \sum_{i=1}^{n} p_i \log g\right) \\ &= -\sum_{i=1}^{n} p_i \log p_i \quad . \end{aligned}$$

V. Aus der in (1) vorausgesetzten Stetigkeit folgt nun der Satz 1.1 allgemein.

Erläuterung des Satzes:
Der Satz 1.1 gibt eine erste Bestätigung dafür, daß der Shannon'sche Ansatz, die Information einer Quelle durch ihre Entropie zu messen, mit unserer intuitiven Vorstellung über Information verträglich ist. Er stellt darüber hinaus fest,

daß diese Vorstellungen das Maß bereits eindeutig festlegen. Das Kodierungstheorem, das wir anschließend beweisen werden, zeigt desweiteren, daß diese Vorstellung auch interessante und praktische Konsequenzen hat.

Natürlich kann man darüber streiten, ob die Beschreibung einer Informationsquelle durch eine Menge A und eine Wahrscheinlichkeitsverteilung p über A unseren Vorstellungen über Informationsquellen entspricht. Auf diese Frage werden wir später zurückkommen. Hier wollen wir diesen Ansatz aber einmal akzeptieren und die 7 verschiedenen Feststellungen von Satz 1.1 diskutieren.

(1) stellt die Stetigkeit von $H(p_1, \ldots, p_n)$ fest. Das ist sicher mit unserer Vorstellung verträglich, wenn wir den Ansatz (X, p) als solchen überhaupt akzeptieren.
(2) besagt, daß das Maß nicht von der Numerierung der Elemente in A abhängen sollte, wogegen man wenig sagen kann.
Kritischer ist (3) Hier wird festgestellt, daß der mittlere Informationsgehalt der Quelle am größten sein sollte, wenn man die geringste Trefferwahrscheinlichkeit bei Vorhersagen der Quelle erzielen kann. Die Forderung $H(\frac{1}{2}, \frac{1}{2}) = 1$ ist eine Normierung des Maßes und deshalb im Zusammenhang mit unserer Diskussion nicht weiter interessant.
(4) besagt, daß eine Quelle, die ein Ereignis vorsieht, das niemals auftritt, auf dieses Ereignis ohne Informationsverlust verzichten kann.
(5) kann man als eine Interpretation der Ereignisse der Quelle $(A \times B)$ in zwei Stufen verstehen: Zunächst stellt man fest, daß für das Ereignis $(a, b) \in A \times B$ gilt, daß $x = a$ ist, Informationsgewinn im Mittel $H(A)$. In der zweiten Stufe stellt man fest, daß für y in (a, y) gilt, daß $y = b$ ist. Um diesen Informationsgewinn zu messen, muß man also H_a heranziehen. Mittelt man über alle Fälle $a \in A$, dann erhält man $H(A \times B)) = H(A) + H_A(B)$. Also auch hier stimmen Intuition und Folgerung aus dem Entropieansatz überein.
(6) besagt, daß in dem Fall, daß zwei parallele Quellen dann einen maximalen Informationsgehalt erzeugen, wenn beide Quellen voneinander unabhängig sind, und nicht also die eine Quelle die andere wiederholt oder auch nur variiert.
(7) stellt fest, daß der Informationsgehalt einer einzelnen Quelle B nicht dadurch erhöht werden kann, daß man zuerst eine Quelle A abhört. (Verständlichkeit spielt in unserer Definition keine Rolle!).

Erstaunlicherweise stellt Satz 1.1 fest, daß diese plausiblen Eigenschaften (1) bis (7) das Maß für die mittlere Information der Quelle pro Zeichen festlegen.

1.2 Der Kodierungssatz im störungsfreien Fall

Wir betrachten eine Quelle mit Alphabet A und Wahrscheinlichkeit

$$p : A \longrightarrow [0,1].$$

Der Kanal verfüge über das Alphabet S. Wir betrachten Kodierungen

$$c : A^* \longrightarrow S^* \quad .$$

Da wir aus $c(w)$ für $w \in A^*$ die Eingabe w wieder rekonstruieren wollen, muß c injektiv sein. Wir wollen weiter eine gute mittlere Übertragungsrate erzielen, d.h. c soll so gewählt werden, daß

$$\frac{1}{n} \sum_{|w|=n} p(w) \cdot |C(w)|$$

für alle n *nahezu* minimal wird.
Speziell muß also die Einschränkung $c|A$ von c auf A injektiv sein. Diese Bedingung ist allerdings nicht hinreichend dafür, daß c injektiv ist. Hinreichend ist, daß $c|A$ freies Erzeugendensystem des von $c|A$ erzeugten Monoides $c(A)^* \subset S^*$ ist. Aber auch diese Forderung ist für eine effiziente Übersetzung nicht hinreichend. Von dieser verlangen wir, daß sich aus $c(u \cdot v)$ erkennen läßt, wo $c(u)$ endet, ohne daß man erst ganz $c(u \cdot v)$ gelesen hat. Diese Eigenschaft garantieren die sogenannten präfixfreien Codes.

Definition 1.1

$$L \subset S^* \quad \textit{heißt präfixfrei} \quad :\Longleftrightarrow L \cdot S^* \cdot S \cap L = \emptyset.$$

In anderen Worten: L ist präfixfrei genau dann, wenn kein Wort $u \in L$ Präfix eines Wortes $v \in L, u \neq v$ ist.

Veranschaulichung der Definition
Wir ordnen jeder Teilmenge $L \subset S^*$ in folgender Weise einen Baum $\mathcal{B}(L)$ zu. Die Wurzel des Baumes sei $\boxed{\varepsilon}$. Ist $u \in S^*$ und gibt es ein $v \in S^*$ mit $u, v \in L$, dann ist auch $\boxed{\text{u}}$ ein Knoten des Baumes. Sind $\boxed{\text{u}}$ und $\boxed{u \cdot s}$ mit $s \in S$ Knoten des Baumes, dann gibt es eine mit s markierte Kante des Baumes, die in $\boxed{\text{u}}$ beginnt und in $\boxed{\text{us}}$ endet.

$$\boxed{\text{u}} \stackrel{s}{\longrightarrow} \boxed{\text{us}}.$$

L ist genau dann präfixfrei, wenn die Knoten $\boxed{\text{u}}$ mit $u \in L$ Blätter des Baumes sind.

Beispiel

$$S = \{1,2,3\}, L = \{1, 211, 213, 22, 31, 32, 331, 332\}$$

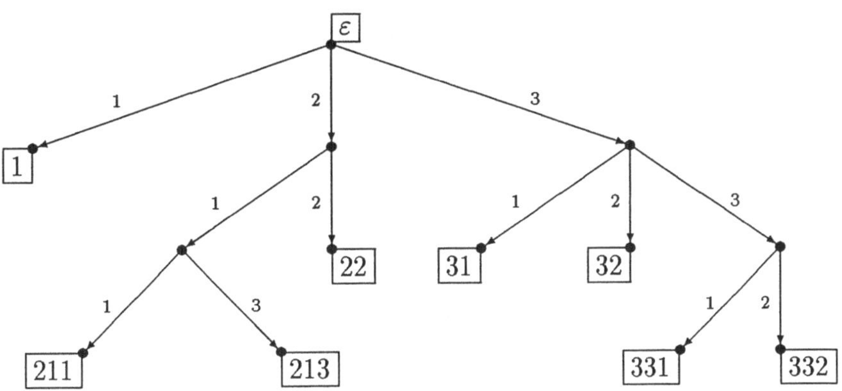

Figur 1.2: Kodebaum

Offensichtlich ist die Bedingung **präfixfrei** für L hinreichend dafür, daß sich jedes Wort $w \in L^*$ von links nach rechts fortlaufend eindeutig in seine Faktoren aus L zerlegen läßt.

Unsere Anforderung an die Kodierung c lauten nun

- $c(A)$ ist präfixfrei.
- $\sum_{a \in A} p(a) \cdot |c(a)| = \min\limits_{c'} \{ \sum_A p(a)|c'(a)| \mid c'(A) \text{ präfixfrei} \}$

Wir suchen also eine Kodierung c, so daß die mittlere Länge der Wege im Baum $\mathcal{B}(c(A))$, die von $\boxed{\varepsilon}$ zu einem Knoten aus $c(A)$ führen, minimal oder fast minimal wird.
Hierzu betrachten wir die verschiedenen **Etagen** des Baumes, die jeweils Knoten u gleicher Tiefe enthalten. C^i ist die Etage, die die Knoten der Tiefe i enthalten, die zu dem Kode gehören.

$$\begin{aligned} C^1 &= \{c(a) \mid a \in A, |c(a)| = 1\} \\ C^i &= \{c(a) \mid a \in A, |c(a)| = i\}. \end{aligned}$$

Offensichtlich gilt

$$C^i \cap C^j = \emptyset \quad \text{für} \quad i \neq j.$$

Darüberhinaus folgt aus der Präfixfreiheit:
Ist $i < j, u \in C^i, v \in C^j$,dann gibt es keinen Weg von $\boxed{u}$ nach $\boxed{v}$.
Präfixfreie Kodes kann man also wie folgt konstruieren: Man wählt $C^1 \subset S$.

Hat man C^i bereits konstruiert, dann wählt man $C^{i+1} \subset S^{i+1} - (C^1 \cup C^2 \cup \ldots \cup C^i) \cdot S^*$. Wir setzen nun

$$n_i = \#C^i$$

und interessieren uns für eine Charakterisierung der $n_1, \ldots, n_k$, wenn $c(A) = C^1 \cup \ldots \cup C^k$ ist.

Lemma 1.1 *Seien $n_1, n_2, \ldots, n_k \in \mathbb{N}$ gegeben. Es gibt genau dann einen präfixfreien Kode $C = C^1 \cup \ldots \cup C^k$ mit $n_i = \#C_i$, wenn die* Kraft'sche Ungleichung

$$\sum_{i=1}^{k} \frac{n_i}{m^i} \leq 1 \qquad (*)$$

gilt. Hierin ist $m = \#S$.

Beweis: Der Beweis folgt der oben geschilderten Konstruktion von C.

1. Wir beweisen zunächst:
   Ist C ein präfixfreier Kode, dann gilt $(*)$. Offensichtlich ist wegen $C^1 \subset Sauchn_1 \leq m$. Damit fallen alle Fortsetzungen von Wörtern aus C^1 für die Bildung von C^2 aus. Also gilt dann

   $$n_2 \leq m^2 - n_1 \cdot m$$

   Induktiv schließt man weiter auf

   $$n_i \leq m^i - n_1 \cdot m^{i-1} - n_2 \cdot m^{i-2} - \ldots - n_{i-1} \cdot m$$

   Also haben wir

   $$m^k \geq n_1 \cdot m^{k-1} + n_2 \cdot m^{k-2} + \ldots + n_k$$

   d.h. nach Division durch m^k

   $$1 \geq \frac{n_1}{m} + \frac{n_2}{m^2} + \ldots + \frac{n_k}{m^k}.$$

2. Sei nun die Ungleichung $(*)$ erfüllt. Wir werden zeigen, daß dann ein präfixfreier Kode

   $$C = C^1 \cup \ldots \cup C^k$$

   mit $\#C_i = n_i$ existiert.
   Aus der Ungleichung folgt

   $$n_1 \cdot m^{k-1} \leq m^k, \text{d.h. } n_1 \leq m.$$

Damit können wir n_1 paarweise verschiedene Elemente aus S auswählen. Diese Menge sei C^1.
Nun folgt aus der Ungleichung auch

$$n_2 \leq m^2 - n_i \cdot m.$$

Also findet man in S^2 mindestens n_2 Elemente, die keinen Präfix in C^1 enthalten. So erhält man C^2. Indem man dieses Verfahren fortsetzt, erhält man einen präfixfreien Kode

$$C = C^1 \cup \ldots \cup C^k$$

Aus 1. und 2. folgt die Aussage von Lemma 1.1. □

Mittels dieser Konstruktion sind wir in der Lage, die mittlere Länge präfixfreier Kodes abzuschätzen.
Hierzu setzen wir

$$N = \sum_{i=1}^{k} \frac{n_i}{m^i}$$

und

$$q(a) = \frac{1}{m^i \cdot N}, \quad \text{für} \quad |c(a)| = i.$$

Damit gilt für beliebige Wahrscheinlichkeitsverteilungen

$$p : A \longrightarrow [0,1]$$

$$H(A) = -\sum_a p(a) \log p(a) \leq -\sum_a p(a) \log q(a).$$

Beweis: Setzen wir

$$Ar(a,p) = p_1 a_1 + \ldots + p_n a_n \quad \text{für} \quad a = (a_1, \ldots, a_n)$$

und

$$Ge(a,p) = a_1 p_1 \cdot a_2 p_2 \cdot \ldots a_n p_n$$

dann gilt bekanntlich für das durch die Wahrscheinlichkeitsverteilung p gewichtete arithmetische und geometrische Mittel die Ungleichung

$$Ge(a,p) \leq Ar(a,p)$$

mit '=' genau dann, wenn $a_1 = a_2 = \ldots = a_n$.
Hieraus folgt für

$$\begin{aligned} a &= \left(\frac{q_1}{p_1}, \ldots, \frac{q_n}{p_n}\right) \quad \text{und} \quad 0 < p_i < 1, \ \sum p_i = 1 \\ 1 &= Ar(a,p) \geq a_1^{p_1} \cdot \ldots \cdot a_n^{p_n} \end{aligned}$$

und hieraus

$$p_1^{p_1} \cdot \ldots \cdot p_n^{p_n} \geq q_1^{p_1} \cdot \ldots \cdot q_n^{p_n}$$

und durch Logarithmieren weiter

$$p_1 \log p_1 + \ldots + p_n \log p_n \geq p_1 \log q_1 + \ldots + p_n \log q_n$$

d.h.

$$H(p) \leq -\sum_a p(a) \log q(a) \qquad \text{q.e.d.}$$

Nun ersetzen wir $q(a)$ durch seine Definition und erhalten

$$\begin{aligned} H(A) &\leq -\sum_i \sum_{\substack{a \\ |c(a)|=i}} p(a) \log \frac{1}{m^i \cdot N} = -\sum_a p(a) \left(\log \frac{1}{m^i} + \log \frac{1}{N}\right) \\ &= -\sum_a p(a)(i \cdot \log m^{-1} - \log N) = (-\sum_a p(a) \cdot i) \log \frac{1}{m} + \log N \\ &= (\sum_a p(a) \cdot |c(a)|) \log m + \log N \end{aligned}$$

Wir setzen die Definition von N ein und erhalten wegen $N \leq 1$

$$\boxed{\frac{H(A)}{\log m} \leq \sum_a p(a) \cdot |c(a)|}$$

Also ist $H(A)/\log m$ ist eine untere Schranke für die mittlere Länge aller präfixfreien Kodierungen von A in S^*.

Zum Abschluß zeigen wir auch eine obere Schranke für die mittlere Kodelänge. Seien $i(a) \in \mathbb{N}$ die eindeutig bestimmten Zahlen im Intervall

$$-\frac{\log p(a)}{\log m} \leq i(a) < -\frac{\log p(a)}{\log m} + 1.$$

Hieraus folgt

$$-\log p(a) \leq -\log m^{-i(a)} < -\log p(a) + \log m$$

d.h.

$$p(a) \geq m^{-i(a)} > \frac{1}{m} \cdot p(a).$$

Hieraus folgt

$$1 \geq \sum_a m^{-i(a)} > \frac{1}{m}.$$

Also können wir eine präfixfreie Kodierung mit

$$|c(a)| = i(a) < -\frac{logp(a)}{\log m} + 1$$

finden (Lemma 1.1). Damit haben wir

Lemma 1.2 *Zu vorgegebener Quelle (A,p) und Alphabet S mit $\#S = m$ gibt es einen präfixfreien Kode c, so daß die folgende Ungleichung erfüllt wird*

$$\frac{H(A)}{\log m} \leq \sum_a p(a) \cdot |c(a)| < \frac{H(A)}{\log m} + 1.$$

Nun bilden wir $A^r = A \times \ldots \times A$ (r mal) mit unabhängiger Wahrscheinlichkeit p und erhalten

$$H(A^r) = r \cdot H(A).$$

Gehen wir damit in die Ungleichung von Lemma 1.2, dann erhalten wir

$$\frac{r \cdot H(A)}{\log m} \leq \sum_{a \in A^r} p(a) \cdot |c(a)| < \frac{r \cdot H(A)}{\log m} + 1$$

oder

$$\frac{H(A)}{\log m} \leq \frac{1}{r} \sum p(a) \cdot |c(A)| < \frac{H(A)}{\log m} + \frac{1}{r}.$$

Schreiben wir

$$E(A^r, c) = \frac{1}{r} \sum_{a \in A^r} p(a)|c(a)|$$

für die mittlere Kodelänge pro $a \in A$ bei der Kodierung c, dann haben wir den

Satz 1.2 (Kodierungstheorem im störungsfreien Fall) *Sei (A,p) eine gedächtnislose Quelle. Es gibt dann zu vorgegebenem $\varepsilon > 0$ ein $r \in \mathbb{N}$ und eine präfixfreie Kodierung $c : A^r \longrightarrow S^*, \#S = m$, so daß*

$$\left(\frac{H(A)}{\log m} - E(A^r, c)\right) < \varepsilon$$

gilt. □

Der Name des Satzes rührt von der Vorstellung her, daß S das Alphabet eines störungsfreien Kanales ist, der bei besserer Kodierung besser ausgenutzt wird. Für praktische Zwecke ist diese Konstruktion für große A jedoch bedeutungslos.

Wir schwächen nun die Voraussetzung *präfixfrei* ab, indem wir nur verlangen, daß $c(A)$ ein Kode, d.h. ein freies Erzeugendensystem ist und beweisen das entsprechende auf McMillan zurückgehende Resultat. Anschließend diskutieren wir auch den Fall, daß über c nur die Injektivität vorausgesetzt werden kann.

Sei wie früher $C = c(A)$ und $n_i = \#C^i$. Da c injektiv ist, gilt auch

$$n_i = \#\{a \mid |c(a)| = i, a \in A\}.$$

Wegen der Injektivität gilt $n_i \le m^i$, so daß wir

$$N := \sum_{i=1}^{k} \frac{n_i}{m^i} \le k$$

haben; dabei ist

$$k = max\{|c(a)| \quad |a \in A\}.$$

Wir setzen wie früher

$$q(a) = \frac{1}{m^i \cdot N} \quad \text{für} \quad i = |c(a)|,$$

woraus $0 \le q(a) \le 1$ und $\sum q(a) = 1$ folgt.
Die Anwendung der Ungleichung

$$1 \ge \left(\frac{q_1}{p_1}\right)^{p_1} \cdot \ldots \cdot \left(\frac{q_n}{p_n}\right)^{p_n}$$

für Wahrscheinlichkeitsverteilungen p und q ergibt.

$$\frac{H(A)}{\log m} \le \sum_A p(a) \cdot |c(a)| + \frac{\log N}{\log m}.$$

Schreiben wir für die mittlere Kodelänge wieder $E(A,c)$ und verwenden wir $N \leq k$, dann gilt

$$\frac{H(A)}{\log m} \leq E(A,c) + \frac{\log k}{\log m}$$

Nun ersetzen wir A durch A^r und bezeichnen die homomorphe Fortsetzung von c auf A^r mit c_r. Da $c(A)$ als frei vorausgesetzt wird, ist auch c_r injektiv und wir haben

$$\frac{r \cdot H(A)}{\log m} \leq E(A^r, c_r) + \frac{\log(k \cdot r)}{\log m}$$

und

$$\frac{H(A)}{\log m} \leq E(A,c) + \frac{\log(k \cdot r)}{r \cdot \log m}.$$

Hierin hängt nur der Summand rechts von r ab. Dieser geht aber gegen 0 für $r \longrightarrow \infty$, so daß wir die angestrebte Verschärfung des Kodierungstheorems bewiesen haben.

Satz 1.3 *Ist $c : A \longrightarrow S^*$ eine Kodierung und ist $c(A)$ frei, dann gilt für gedächtnislose Quellen (A,p)*

$$\frac{H(A)}{\log m} \leq E(A,c) < \frac{H(A)}{\log m} + 1$$

Die obere Schranke gilt hierbei trivialerweise, da man schwächere Voraussetzungen an die Kodierungen stellt. Es stellt sich nun die Frage, ob dieser Satz auch dann gilt, wenn wir die Freiheit von $c(A)$ nicht voraussetzen. Wir hatten für injektive Abbildungen c

$$\frac{H(A)}{\log m} \leq E(A,c) + \frac{\log k}{\log m}.$$

Wir dürfen aber nicht mehr voraussetzen, daß die homomorphe Fortsetzung injektiv ist. Man überlegt sich aber leicht, daß man in diesem Fall ($n = \#A$)

$$k \leq \frac{\log n}{\log m} + 1$$

annehmen darf, so daß wir

$$E(A,C) \geq \frac{H(A)}{\log m} - \frac{\log(\log n + \log m) - \log\log m}{\log m}$$

haben.
Für $m = 2$ erhält man die übersichtliche Formel

$$E(A, c) \geq H(A) - \log(1 + \log n) \qquad (*)$$

Geht man allerdings von A zuA^r über und wählt $c_r : A^r \rightarrow \{0,1\}^*$ stets injektiv, dann erhält man

$$\begin{aligned} \frac{1}{r}E(A^r, c_r) &\geq H(A) - \frac{\log(1 + \log n^r)}{r} \\ &= H(A) - \frac{\log(1 + r \cdot \log n)}{r} \end{aligned}$$

Asymptotisch erhalten wir also auch dann pro übertragenem Zeichen a keine bessere Kodierung als im Falle präfixfreier Kodierungen.

Damit haben wir das bemerkenswerte Resultat erzielt, daß uns bei der Beschränkung auf präfixfreie Kodes bei fortlaufender Übertragung kein Nachteil entsteht, wenn (A, p) gedächtnislos ist.

1.3 Ordnungserhaltende Kodierungen

Ist $(S, <)$ eine geordnete Menge, dann kann man diese Ordnung auf S^* übertragen, indem man die Elemente von S^* *lexikographisch* anordnet. Die lexikographische Ordnung wird durch die drei folgenden Axiome definiert:
Für $u, v, w, w' \in S^*$ gilt

- $\varepsilon < u$ für $u \neq \varepsilon$,
- $u < v \Longrightarrow wu < wv$,
- $u < v$ und u nicht Präfix $v \Longrightarrow uw < vw'$.

Haben wir zwei geordnete Mengen $(M, <)$ und $(M', <)$, dann heißt die Abbildung

$$h : M \longrightarrow M'$$

genau dann *ordnungserhaltend*, wenn für $u, v \in M$

$$u < v \Longrightarrow h(u) < h(v)$$

gilt. Wir schreiben in diesem Fall auch

$$h : (M, <) \longrightarrow (M', <).$$

Wir betrachten nun das folgende **Problem**:

Man übertrage das Kodierungstheorem unter der Voraussetzung, daß $(A,<)$ und $(S,<)$ geordnet sind, auf den Fall von Kodierungen

$$c:(A,<)\longrightarrow(S^*,<),$$

d.h. auf den Fall, daß die Kodierungen die Ordnung von A erhalten (alphabetische Kodierungen). Es ist klar, daß diese Kodierungen für Quellen (A,p) die Ungleichung

$$\frac{H(A)}{\log m}\leq E(A,c)$$

erfüllen. Es ist aber nicht sicher, daß auch die obere Schranke

$$E(A,c)\leq\frac{H(A)}{\log m}+1$$

durch präfixfreie ordnungserhaltende Kodierungen erfüllt werden kann. Wir geben ein Beispiel an, das zeigt, daß sich aus der Gültigkeit der Kraft'schen Ungleichung eine solche Kodierung nicht ableiten läßt.

Beispiel: Sei $A=\{a_1,a_2,a_3\}$, $a_1<a_2<a_3$. Weiter sei $i(a_1)=3, i(a_2)=1, i(a_3)=3$ vorgegeben. Wir haben dann in unserer früheren Bezeichnung

$$N=\frac{1}{2^3}+\frac{1}{2}+\frac{1}{2^3}\leq 1$$

d.h. die Kraft'sche Ungleichung ist erfüllt, so daß es also einen präfixfreien binären Kode c mit $|c(a_1)|=3, |c(a_2)|=1$ und $|c(a_3)|=3$ gibt. Die Figur 1.3 beschreibt einen solchen Kode.

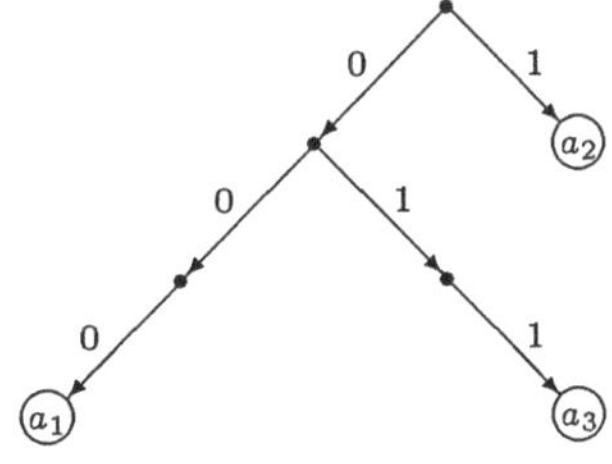

Figur 1.3: Nicht ordnungserhaltender Kode

Diese Kodierung ist aber nicht ordnungserhaltend, da hier

$$c(a_3) < c(a_2)$$

ist. Man sieht leicht, daß es keine ordnungserhaltende präfixfreie Kodierung gibt, die die Längenbedingung erfüllt: Wir können ohne Beschränkung der Abbildung $c(a_1) = 000$ wählen. Wegen $a_1 < a_2$ und $|c(a_2)| = 1$ folgt als einzige Möglichkeit $c(a_2) = 1$. Wegen $a_2 < a_3$ folgt nun, daß $c(a_2)$ ein Präfix von $c(a_3)$ sein muß.

Aus dem Beispiel folgt, daß man zumindest die Kraft'sche Ungleichung verschärfen muß, um eine präfixfreie, ordnungserhaltende Kodierung gewährleisten zu können. Eine solche Verschärfung leiten wir im folgenden her.
Wir geben eine Konstruktion an, die für vorgegebene Kodelängen

$$|c(a_1)| = i_1, \quad |c(a_2)| = i_2, \ldots, |c(a_n)| = i_n$$

unter der Nebenbedingung

$$c(a_1) < c(a_2) < \ldots < c(a_n)$$

einen solchen präfixfreien Kode c mit $|c(a_i)| \leq k$ stets findet, wenn er existiert.
Im folgenden verwenden wir die Bezeichnung

$$\text{Präfix}(u, i) = \begin{cases} u_1 \cdot \ldots \cdot u_i & \text{für} \quad i \leq |u| \\ u & \text{für} \quad i > |u|; \end{cases}$$

darin ist $u = u_1 \cdot \ldots \cdot u_k$ mit $u_i \in S$ für $i = 1, \ldots, k$.

Schritt 1: Wir wählen

$$c(a_1) = 0^{i_1}.$$

Gibt es irgendeinen Kode c', der die obigen Bedingungen erfüllt, dann gilt wegen $|c(a_1)| = |c'(a_1)| = i_1$ stets $c(a_1) \leq c'(a_1)$. Ist $c(a_1) \neq c'(a_1)$, dann erhalten wir also wieder einen Kode, der unsere Forderungen erfüllt, wenn wir c' so abändern, daß $c'(a_1) = 0^{i_1}$ gilt; denn aus

$$c(a_1) < c'(a_1) < c'(a_i) \quad \text{für} \quad i > 1$$

folgt, daß kein $c'(a_i), i = 2, \ldots, n$ Präfix von $c(a_1)$ ist; wäre umgekehrt $c(a_1)$ Präfix von $c'(a_i), i > 1$, dann hätten wir

$$c'(a_1) < c(a_1) \cdot u = c'(a_i),$$

woraus $c'(a_1) < c(a_1)$ folgen würde, was nicht sein kann.
Wir dürfen also ohne Einschränkung der Allgemeinheit annehmen, daß $c(a_1) = 0^{i_1}$ ist.

Schritt 2: Wir wählen nun $c(a_2)$ minimal aus den verbleibenden Möglichkeiten. Die Wahl von $c(a_1)$ blockiert für die Wahl von $c(a_2)$ alle Elemente aus

$$c(a_1) \cdot S^* \quad \text{und} \quad \text{Präfix}(c(a_1), i_2) \cdot S^*.$$

Die zweite Bedingung ergibt sich daraus, daß $c(a_2)$ auch nicht Präfix von $c(a_1)$ sein darf. Mit unserer Konvention über die Präfixnotation umfaßt die zweite Bedingung auch die erste. Wir setzen

$$M_1 := \text{Präfix}(c(a_1), i_2) \cdot S^*$$

und wählen also

$$c(a_2) = \min\{u \in ((S^* - M_1) \cap S^{i_2}) | u \cdot S^* \cap M_1 = \emptyset\}$$

Aufgrund der gleichen Überlegung wie in Schritt 1 sehen wir, daß diese Wahl ohne Beschränkung der Allgemeinheit möglich ist.

Schritt $j+1$: Sei $j < n$ und seien $c(a_1), \ldots, c(a_j)$ bereits bestimmt und

$$M_j := M_{j-1} \cup \text{Präfix}(c(a_j), i_{j+1}) \cdot S^*$$

sei als für die Wahl von $c(a_{j+1})$ verbotene Region erkannt. Wir wählen also ohne Beschränkung der Allgemeinheit

$$c(a_{j+1}) = \min\{u \in ((S^* - M_j) \cap S^{i_{j+1}}) | u \cdot S^* \cap M_j = \emptyset\},$$

falls die Menge, aus der wir wählen, nicht leer ist. Das Verfahren bricht ohne Erfolg ab, falls die Menge leer ist. Im anderen Fall ist $c(a_{j+1})$ durch diese Definition eindeutig bestimmt.
Wir bestimmen den verbleibenden Rest für die Wahl von $c(a_{j+2})$:
Offensichtlich ist für $c(a_{j+2})$ die Region M_j verboten. Hinzu kommt die Region

$$\text{Präfix}(c(a_{j+1}), i_{j+2}) \cdot S^* \quad \text{mit} \quad i_{n+1} := i_n,$$

so daß wir

$$M_{j+1} = M_j \cup \text{Präfix}(c(a_{j+1}), i_{j+2}) \cdot S^* \quad \text{für} \quad j+1 < n$$

als verbotene Region für die Wahl von $c(a_{j+2})$ erhalten.

Um zu einer Kraft'schen Ungleichung für den Fall ordnungserhaltender, präfixfreier Kodierungen zu gelangen, betrachten wir die Mengen

$$M_j^{(k)} := M_j \cap S^k \text{ , wobei } k \geq \max_i\{|c(a_i)|\}.$$

Wir zeigen zunächst, daß es in $M_j^{(k)}$ hinsichtlich der Ordnung keine Lücken gibt. Der Beweis erfolgt durch Induktion.
Wir zeigen also, daß aus $u \in M_j^{(k)}$ und $v \in S^k - M_j^{(k)}$ folgt, daß $u < v$ gilt.

Induktionsanfang: Für $j = 1$ haben wir

$$u = \text{Präfix}(c(a_1), i_2) \cdot w.$$

Für

$$\bar{v} = \text{Präfix}(v, i_2)$$

gilt offensichtlich

$$\text{Präfix}(c(a_1), i_2) < \bar{v},$$

woraus die Behauptung für $j = 1$ folgt.

Induktionsschritt: Sei die Behauptung für $M_j^{(k)}$ bewiesen. Es genügt dann, die Behauptung für

$$u \in \text{Präfix}(c(a_{j+1}), i_{j+2}) \cdot S^* \cap S^k$$

zu zeigen. Wir setzen

$$\bar{u} = \text{Präfix}(c(a_{j+1}), i_{j+2}) \quad \text{und} \quad \bar{v} = \text{Präfix}(v, i_{j+2}).$$

Für $\bar{u} = \bar{v}$ würde $v \in M_{j+1}$ folgen, was ausgeschlossen ist. Für $\bar{v} < \bar{u}$ hätten wir $v < c(a_{j+1})$, was der Wahl von $c(a_{j+1})$ widerspricht.

Hieraus folgt auch

$$M_j \cap \text{Präfix}(c(a_{j+1}), i_{j+2}) \cdot S^* = \emptyset.$$

Nun ist

$$\#(\text{Präfix}(c(a_j), i_{j+1}) \cdot S^* \cap S^k) = m^{k-\min\{i_j, i_{j+1}\}}.$$

Unsere Konstruktion kommt also genau dann erfolgreich zu Ende, wenn

$$\sum_{j=1}^{n} m^{k-\min\{i_j, i_{j+1}\}} \leq m^k$$

ist. Wegen

$$m^{k-\min\{i_j, i_{j+1}\}} = \max\{m^{k-i_j}, m^{k-i_{j+1}}\} \leq m^{k-i_j} + m^{k-i_{j+1}}$$

haben wir als nur noch hinreichende Bedingung für eine erfolgreiche Konstruktion

$$2 \cdot \sum_{j=1}^{n} m^{k-i_j} \leq m^k$$

oder, wenn wir wieder $n_i = \#C^i$ setzen und durch m^k dividieren

$$\frac{n_1}{m^1} + \frac{n_2}{m^2} + \ldots + \frac{n_k}{m^k} \leq \frac{1}{2}.$$

Damit können wir das folgende Kodierungstheorem beweisen.

Satz 1.4 (Kodierungstheorem für ordnungserhaltende Kodierungen) *Für jede Kodierung $c : A \longrightarrow S^*$ und jede gedächtnislose Quelle (A,p) gilt*

$$\frac{H(A)}{\log m} \leq \sum_A p(a)|c(a)|.$$

Es gibt zu vorgegebenen Ordnungen $(A,<)$ und $(S,<)$ ordnungserhaltende Kodierungen $c : A \longrightarrow S^*$ mit

$$\sum_A p(a) \cdot |c(a)| \leq \frac{H(A)}{\log m} + 2$$

Beweis: Der erste Teil des Satzes folgt aus Satz 1.3. Der zweite Teil ergibt sich, indem wir wie früher

$$-\frac{\log p(a)}{\log m} \leq i(a) < -\frac{\log p(a)}{\log m} + 1$$

wählen und nun

$$i'(a) = i(a) + 1 < -\frac{\log p(a)}{\log m} + 2$$

verwenden. Es ergibt sich damit

$$\sum_A \frac{1}{m^{i(a)+1}} = \frac{1}{m} \sum \frac{1}{m^{i(a)}} \leq \frac{1}{m} \leq \frac{1}{2}.$$

Wir können also einen ordnungserhaltenden, präfixfreien Kode c mit Kodewortlängen $|c(a)| = i'(a)$ finden, woraus die Behauptung des Satzes folgt.

□

1.4 Anwendungen des Kodierungstheorems

1.4.1 Suchprobleme

Wir betrachten als erstes ein Datenbankproblem. Wir wollen ein Lexikon in einem Rechner ablegen und es effizient benutzen können. Unter verschiedenen Möglichkeiten wählen wir dazu eine baumartige Datenstruktur zur Repräsentation des Lexikons und der lexikographischen Anordnung seiner Schlüsselworte aus.

Wir konstruieren also wie folgt einen Baum: Jeder Eintrag des Lexikons ist ein Knoten des Baumes. Von jedem Knoten des Baumes gehen höchstens zwei Kanten aus, die mit 0 oder 1 markiert sind. Die mit 0 markierte Kante führt zu einem Knoten, dessen Eintrag lexikographisch früher steht, die mit 1 markierte Kante entsprechend zu einem späteren Eintrag. In jedem Knoten außer dem *Wurzelknoten* endet genau eine Kante. Hierdurch ist der Baum lokal beschrieben. Der Baum ist dadurch aber nicht eindeutig bestimmt. Die Figur 1.4 erläutert das eben gesagte und ergänzt es.

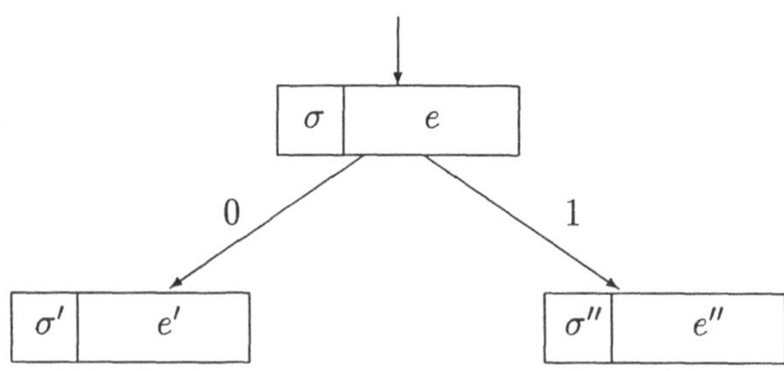

Figur 1.4: Knoten im Suchbaum

Bei dem Eintrag in die Knoten unterscheiden wir zwischen dem Schlüssel σ und dem unter dem Schlüssel abgelegten Eintrag e. In Figur 1.4 gilt also

$$\sigma' < \sigma < \sigma'',$$

wenn $' < '$ die auf den Schlüsseln gegebene Ordnung bezeichnet.
Der Baum stellt den Speicher unserer Maschine dar. Die Kontrolleinheit steuert einen Lesekopf, der sich auf dem Baum folgend bewegen kann. Der Kopf liest den Inhalt des Knotens und die Kontrolleinheit bewegt den Kopf in Abhängigkeit von dem Gelesenen und dem momentanen Zustand der Kontrolle zu einem Nachbarknoten des Baumes oder läßt den Kopf auf dem Knoten stehen. Der

Rechner verfügt weiter über ein Register α, in dem die Anfrage steht. Die Elementaroperationen enthalten neben den bereits genannten Bewegungen Ausgabebefehle und einen Befehl: *kehre zur Wurzel zurück* (**goto** initial state). Jede Berechnung beginnt mit der Kopfstellung auf der Wurzel des Baumes und dem Befehl Leseanfrage. Die Arbeitsweise der Maschine wird durch das folgende Programm beschrieben.

```
α: = Anfrage
while α ≠ σ do
    if α < σ then follow 0
              else follow 1
    od
print e; goto initial state.
```

Wir nehmen also zunächst an, daß nur Anfragen gestellt werden, deren Schlüssel die Maschine kennt. Um unseren Kodierungssatz anwenden zu können, benötigen wir die Wahrscheinlichkeitsverteilung

$$p : A \longrightarrow [0,1]$$

worin A die Menge der Schlüssel bezeichnet. Weiter fassen wir einen Programmdurchlauf als Elementaroperation auf.
Jede Suche, die eine Anfrage auslöst, wird eindeutig durch den Weg von der Wurzel zu dem mit dem Eintrag markierten Knoten und dem *Rücksprung* beschrieben. Das heißt also, daß wir auf diese Weise eine Kodierung

$$c : A \longrightarrow \{0,1\}^* \cdot \mathbf{goto}$$

definieren, die jeden Suchvorgang charakterisiert.
Unser Kanalalphabet ist also $S = \{0, 1, \mathbf{goto}\}$, so daß wir

$$E(A,c) \geq \frac{H(A)}{\log 3}$$

als untere Abschätzung der mittleren Suchzeit erhalten.

Wir können aber die im Kodierungstheorem angegebene obere Schranke aus zwei Gründen nicht verwenden, denn

- die Kodierung muß die alphabetische Ordnung auf A respektieren.
- Die untere Schranke sollte sich verbessern lassen, denn der Kode verwendet das Zeichen '**goto**' in sehr spezieller Weise.

Von dem zweiten Punkt befreien wir uns, indem wir zunächst die Abschätzung für injektive Kodierungen für eventuell nicht freie $c(A)$ verwenden und die **goto**-Kante danach hinzufügen. Mit **goto** als *Trennzeichen* erhalten wir wieder einen präfixfreien Kode. Dieser Kode sei mit c' bezeichnet. Wir haben also aufgrund von $(*)$ auf Seite 32

$$E(A,c') \geq H(A) - \log(1 + \log n) + 1$$

Gehen wir von A zu A^r über und ist c_r eine injektive Abbildung auf A^r, dann erhalten wir

$$E(A^r, c_r) \geq r \cdot H(A) - \log(1 + r \log n).$$

Wegen

$$r \cdot E(A,c') \geq E(A^r, c_r)$$

folgt

$$E(A,c') \geq H(A) - \frac{\log(1 + r \log n)}{r}$$

Hieraus folgt für die mittlere Suchzeit, wenn wir $r \longrightarrow \infty$ gehen lassen,

$$E(A,c') \geq H(A)$$

für alle möglichen Ablagen c' des Lexikons in unserem baumartig organisierten Speicher. Insbesondere spielt die Anordnung '$<$' von A hierbei keine Rolle. Es könnte also sein, daß wir unter Voraussetzung einer anordnungstreuen Kodierung eine größere untere Schranke herleiten könnnen. Die folgende Überlegung zeigt, daß das i.a. nicht der Fall ist.

Haben wir irgendeine Quelle (A,p) und für diese Quelle eine optimale Kodierung gefunden, dann übertragen wir auf A vermöge der bijektiven Abbildung c von A auf $c(A)$, die auf $c(A)$ gegebene Ordnung auf A. Bezeichnet $(A,<)$ diese Ordnung auf A, dann läßt sich $(A,<)$ ordnungserhaltend ebenso gut kodieren, wie ohne die Ordnung zu respektieren. Also kann man i.a. keine bessere untere Schranke für die Kodierungen von $(A,<)$ als für die Kodierungen von A erhalten.

Wir betrachten unsere Abschätzung $E(A,c') \geq H(A)$ nochmals kritisch. Wir haben diese Abschätzung gewonnen, indem wir aus der zunächst nur injektiven Abbildung durch Hinzufügen der Kante **goto** einen Kode gemacht haben. Das haben wir mit der Verlängerung jedes Weges um 1 bezahlt. Am Ende der Rechnung stellt sich nun heraus, daß diese mittlere Weglänge $\geq H(A)$ ist. Also läßt sich die mittlere Weglänge zu den Knoten des binären Baumes bei der Kodierung c anstelle von c' sogar durch $H(A) - 1$ anstelle von $H(A) - \log(1+$

$\log n$) nach unten abschätzen. Wir fassen dieses Resultat in den folgenden Lemma zusammen.

Lemma 1.3 *Ist* (A, p) *eine gedächtnislose Quelle und ist* $c : A \longrightarrow \{0,1\}^*$ *injektiv, dann gilt* $E(A, c) \geq H(A) - 1$.

Aufgrund des Kodierungstheorems für ordnungserhaltende Kodierungen finden wir stets eine Kodierung

$$c : (A, <) \longrightarrow (\{0,1\}^*, <)$$

mit $E(A, c) < H(A) + 2$.

Wir zeigen, daß sich diese Kodierung mittels den oben beschriebenen Elementaroperationen berechnen läßt.
Hierzu betrachten wir den zu c gehörigen Baum $\mathcal{B}(c)$. Die Wege von der Wurzel von $\mathcal{B}(c)$ zu den Blättern entsprechen gerade den Kodierungen $c(a)$ der Elemente $a \in A$. Wir markieren jedes Blatt $c(a)$ des Baumes mit dem korrespondierenden Element $a \in A$. Die inneren Knoten von $\mathcal{B}(c)$ markieren wir wie folgt: Ist P ein innerer Knoten von $\mathcal{B}(c)$, dann gehört zu P ein Unterbaum $\mathcal{B}_P$, dessen Wurzel P ist. Den Unterbaum $\mathcal{B}_P$ zerlegen wir in zwei Unterbäume $\mathcal{B}_P^0$ und $\mathcal{B}_P^1$; dabei ist $\mathcal{B}_P^i$ der Unterbaum von $\mathcal{B}_P$ der von P aus über die mit $i \in \{0,1\}$ markierte Kante erreicht wird. Sei nun

$$u = \max\{a \in A \mid c(a) \quad \text{liegt in} \quad \mathcal{B}_P^0\},$$

$$v = \min\{a \in A \mid c(a) \quad \text{liegt in} \quad \mathcal{B}_P^1\},$$

wobei max bzw. min das größte bzw. kleinste Element bzgl. der Ordnung $<$ auf A bezeichnet. Da c die Anordnung erhält, gilt $u < v$.
Wir markieren nun den Knoten P mit u oder v, je nachdem ob $p(u) \cdot |c(u)|$ oder $p(v) \cdot |c(v)|$ größer ist. Das tun wir für jeden inneren Knoten P von $\mathcal{B}(c)$. Eventuell wurde ein u in mehreren inneren Knoten eingetragen. Wir lassen davon nur das der Wurzel nächste u stehen, die anderen Einträge ersetzen wir durch die konkurrierenden v. Das tun wir für alle Knoten von der Wurzel aus nach oben fortschreitend. Anschließend löschen wir die Blätter, deren Eintrag bereits in inneren Knoten vorhanden ist. Das tun wir auch für die dadurch neu entstehenden Blätter, deren Markierung ebenfalls in inneren Knoten vorkommt. Auf diese Weise erhalten wir einen *reduzierten* Baum, in dessen Knoten $(A, <)$ injektiv und ordnungserhaltend abgebildet ist. Bezeichnen wir die Abbildung mit $\tilde{c}$, dann gilt offensichtlich

$$E(A, \tilde{c}) \leq E(A, c)$$

Damit haben wir den folgenden Satz bewiesen.

Satz 1.5 *Ist* $(A,<)$ *geordnet und* (A,p) *eine Anfragequelle, dann gilt für jeden optimalen, ordnungserhaltenden Suchbaum* $c : (A,<) \longrightarrow (\{0,1\}^* \cup \{0,1\}^* \cdot \{\mathbf{goto}\},<)$

$$H(A) \leq E(A,c) < H(A) + 2 ;$$

hierin ist $E(A,c)$ *die mittlere* Suchzeit.

1.4.2 Unvollständige Suchbäume bei gedächtnislosen Quellen

Wir betrachten nun den Fall, daß nur ein Teil der Schlüssel in der Datenbank vorhanden ist. Wir haben also wieder eine geordnete Anfragequelle (A,p). Weiter sei $A_0 \subset A$.

Wenn zu einem angefragten Schlüssel ein Eintrag vorliegt, dann soll die Datenbank diesen ausgeben, im anderen Fall soll sie $\emptyset$ ausschreiben.

Unser Resultat über vollständige Datenbanken läßt sich auf den hier betrachteten Fall vollständig übertragen. Wir definieren zunächst

$$(u:v) = \{x \in A | u < x < v\}.$$

Wir erinnern uns, daß $u < v$ die Beziehung $u \neq v$ nach sich zieht. Nun setzen wir

$$I'(A,A_0) = \{(u,v) \in A_0 \times A_0 | (u:v) \neq \emptyset, (u:v) \cap A_0 = \emptyset\}$$

$I'(A,A_0)$ enthält also genau die Intervalle zwischen den Elementen von A_0. Um auch die Randintervalle zu erfassen, schreiben wir

$$(-\infty : u) = \{x \in A | x < u\}$$

und

$$(v : \infty) = \{x \in A | x > v\}.$$

Nun sei

$$I(A,A_0) = I'(A,A_0) \cup \{(-\infty, u_0), (v_0, \infty)\},$$

worin

$$u_0 = \min A_0 \quad \text{und} \quad v_0 = \max A_0$$

ist.

Indem wir nun

$$\tilde{A} = A_0 \cup I(A,A_0),$$

$$\tilde{p}(x) = \begin{cases} p(x) & \text{für} \quad x \in A_0 \\ \sum_{u<w<v} p(w) & \text{für} \quad x = (u:v) \in I(A, A_v) \end{cases}$$

setzen, erhalten wir eine Quelle $(\tilde{A}, \tilde{p})$. Die Anordnung $<$ auf $\tilde{A}$ definieren wir durch die folgenden Relationen

$$\begin{array}{rll} a < b & \text{für} & a < b \text{ und } a, b \in A_0 \\ a < (u,v) & \text{für} & a = u \text{ oder } a < u \\ (u,v) < a & \text{für} & a = v \text{ oder } v < a \\ (u_1, v_1) < (u_2, v_2) & \text{für} & v_1 = u_2 \text{ oder } v_1 < u_2. \end{array}$$

Nun erhalten wir nach dem für vollständige Datenbanken beschriebenen Verfahren eine Lösung $\tilde{C} : \tilde{A} \longrightarrow \{0,1\}^*$

$$H(\tilde{A}) \leq E(\tilde{A}, \tilde{c}) < H(\tilde{A}) + 2$$

für das Suchen in unvollständigen Datenbanken. Hierzu definieren wir das Suchprogramm nun in folgender Weise:

```
α : = Anfrage
while α < σ or α > σ do
    if α < σ then follow 0
              else follow 1
    fi
od
if α = σ then print e(σ) else print ∅ fi
```

1.4.3 Sortieren bei gedächtnisloser Quelle

Wir betrachten wieder eine Quelle (A, p), die geordnet ist. Wir stellen uns die Aufgabe, die von der Quelle bis zum Zeitpunkt t ausgegebene Zeichenfolge

$$a_{i_1}, a_{i_2}, \ldots, a_{i_t}$$

zu sortieren. Hierzu bauen wir für (A, p) einen Suchbaum C mit erwarteter Suchzeit $E(A, C)$ auf, so daß

$$H(A) \leq E(A, C) < H(A) + 2$$

erfüllt ist.

Für jedes Element a, das die Quelle ausgibt, starten wir ein Suchverfahren und tragen ein, daß a erschienen ist. Genauer gesagt, wir zählen in dem Knoten mit Schlüssel a, wie oft a erschienen ist. Indem wir als Zähler das Neumann'sche Addierwerk verwenden, zählen wir in konstanter Zeit. Das heißt, daß wir für Ausgaben der Länge t für die erwartete mittlere Suchzeit $S(A,t)$ erhalten

$$t \cdot H(A) \leq S(A,t) < t \cdot H(A) + 2 \cdot t.$$

Die Ausgabe erfolgt in t Schritten in geordneter Form; wir geben a in der Multiplizität aus, die der Eintrag im Knoten a angibt. Bei jeder Ausgabe zählen wir von dem Eintrag 1 ab, was wieder in konstanter Zeit möglich ist. Das Resultat ist die sortierte Folge. Damit erhalten wir also, wenn wir für Abwärtszählen, Ausgeben und Traversieren durch den Baum $\leq 4 \cdot n$ je eine Elementaroperation rechnen, für die mittlere Sortierzeit $Sort(A,t)$ Permutationen, die (A,p) erzeugt

$$t \cdot (H(A) + 2) \leq Sort(A,t) < t \cdot (H(A) + 4) + 4 \cdot n.$$

Man sieht, daß man sogar im Falle der Gleichverteilung für $t \gg n$ eine wesentlich bessere Abschätzung erhält als existierende Abschätzungen das für bekannte Sortierverfahren zur Zeit garantieren.

1.4.4 Suchen und Sortieren in Linearzeit bei Quellen (A,p) mit unbekanntem p

Aufgrund des Verfahrens, das in vorigen Abschnitt 1.4.3 beschrieben wurde, genügt es, zu zeigen, daß sich ein effizienter Suchbaum für (A,p) aufbauen läßt. Sei also $(A,<)$ geordnet und (A,p) gedächtnislos. Die Quelle erzeuge die Folge

$$a_1, a_2, a_3, \ldots, a_t$$

im Zeitintervall $[1:t]$. Wir konstruieren zu dieser Folge einen Suchbaum mit Zählern in den Knoten. Wir setzen

$$\mathcal{B}^{(l)} = (K^{(l)}, E^{(l)}, \zeta^{(l)}) \quad \text{für} \quad l = 1, \ldots, t.$$

Hierin ist $K^{(l)}$ die Menge der Knoten, $E^{(l)}$ die Menge der Kanten von $\mathcal{B}^{(l)}$ und

$$\zeta^{(l)} : K^{(l)} \longrightarrow \mathbb{N}_0$$

ist eine Abbildung, die angibt mit welcher Frequenz $\zeta^{(l)}(a)$ auf den Knoten a zugegriffen wurde. Wir setzen

$$K^{(1)} = \{a_1, x_{10}, x_{11}\}$$

und definieren die beiden Kanten aus $E^{(1)}$ mit ihren Markierungen durch

$$a_1 \xrightarrow{0} x_{10}, \quad a_1 \xrightarrow{1} x_{11}.$$

Weiter setzen wir

$$\zeta^{(1)}(a_1) = 1, \quad \zeta^{(1)}(x_{10}) = \zeta^{(1)}(x_{11}) = 0.$$

Sei nun $\mathcal{B}^{(l)}, l < t$ bereits definiert. Wir betrachten zwei Fälle.

Fall 1:
Die Suche nach a_{l+1} in $\mathcal{B}^{(l)}$ führt zu dem Knoten $a_j \in A$ in $\mathcal{B}^{(l)}$. Diese Knoten sind daran kenntlich, daß für sie $\zeta^{(l)}(a_j) > 0$ ist. In diesem Fall setzen wir

$$K^{(l+1)} := K^{(l)}, \; \zeta^{(l+1)}(u) := \begin{cases} \zeta^{(l)}(u) & \text{für} \quad u \neq a_j \\ \zeta^{(l)}(a_j) + 1 & \text{für} \quad u = a_j. \end{cases}$$

Den Baum $\mathcal{B}^{(l+1)}$ erhalten wir nun, indem wir den Knoten a durch eine Folge von Rotationen an die Wurzel des Baumes bringen, sofern er nicht schon dort ist (*Move-to-Root*). Die Vertauschung von zwei im Baum benachbarten Knoten i und j durch Rotation wird durch das folgende Diagramm beschrieben.

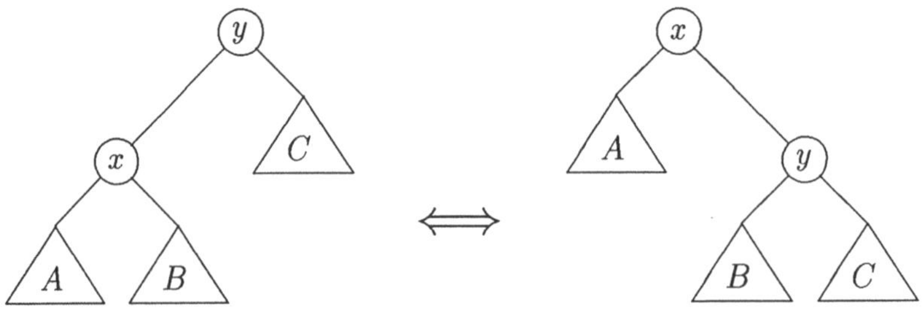

Figur 1.5: Rotation im Suchbaum

Man sieht, daß diese Operation die Ordnung der Knoten auf dem Baum erhält.

Fall 2:
Die Suche bricht an einem Knoten x mit $\zeta^{(l)}(x) = 0$ ab. In diesem Fall ist a_{l+1} nicht im Baum vorhanden. Wir definieren nun

$$K^{(l+1)} := K^{(l)} \cup \{a_{l+1}, x_{l+1,0}, x_{l+1,1}\},$$
$$E^{(l+1)} := E^{(l)} \cup \{s_{l0}, s_{l1}\}.$$

a_{l+1} ersetzt den Knoten x, die beiden neuen Kanten gehen von a_{l+1} aus und enden in $x_{l+1,0}$ bzw. $x_{l+1,1}$.
Weiter setzen wir

$$\zeta^{(l+1)}(u) := \begin{cases} \zeta^{(l)}(u) & \text{für} \quad u \neq a_{l+1}, x_{l+1,0}, x_{l+1,1} \\ 1 & \text{für} \quad u = a_{l+1} \\ 0 & \text{für} \quad \text{sonst.} \end{cases}$$

Auf diese Weise haben wir $\mathcal{B}^{(t)}$ induktiv definiert.

Wir analysieren nun die mittlere Laufzeit des Algorithmus. Hierzu betrachten wir die Wahrscheinlichkeit $d(a, a')$, dafür daß a in dem Baum $\mathcal{B}_t$ ein Vorgänger von a' ist. Wir setzen wie früher

$$[a : a'] := \{b \in A | a \leq b \leq a'\}$$

und

$$(a : a') := \{b \in A | a < b < a'\}.$$

Entsprechend sind $[a : a')$ und $(a : a']$ zu verstehen. Wir nehmen im folgenden o.E.d.A. $a < a'$ an.

Das Element a ist in dem Baum $\mathcal{B}^{(t)}$ dann ein Vorgänger von a', wenn a und a' in dem Baum $\mathcal{B}_t$ vorkommen, und wenn nach dem Einschreiben von a mindestens ein zweiter Zugriff auf a stattgefunden hat und wenn seit dem letzten Zugriff auf a kein Zugriff auf ein Element aus $(a : a']$ stattgefunden hat. Das beweist man leicht über eine Diskussion der Rotationen, die Elemente $x \notin (a : a']$ zur Wurzel hin bewegen. In anderen Worten: a steht in $\mathcal{B}^{(t)}$ vor a', falls $a_{t-r} = a'$ und $(a_{t-r+1}, \ldots, a_t) \in (A - (a : a'])^{r-1}$ ist. Wir erhalten also für die asymptotische Wahrscheinlichkeit $d(a, a')$, daß a ein Vorgänger von a' ist,

$$\begin{aligned} d(a,a') &= \sum_{r=0}^{\infty} p(a') \cdot (1 - p((a : a']))^r \\ &= \frac{p(a')}{p((a : a'])} \end{aligned}$$

Entsprechend findet man

$$d(a', a) = \frac{p(a)}{p([a : a'))}.$$

Für die zu erwartende Position $E(a)$ von a im Baum ergibt sich

$$E(a) = 1 + \sum_{a' \neq a} d(a', a)$$

Damit erhalten wir für die mittlere Anzahl E von Knoten auf dem Weg von der Wurzel zu einem Knoten des Baumes

$$\begin{aligned} E &= \sum_a p(a)(1 + \sum_{a' \neq a} d(a', a)) \\ &= 1 + 2\sum_a p(a) \sum_{a<a'} \frac{p(a')}{p((a : a'])} \\ &= 1 + 2\sum_a p(a) \sum_{a<a'} \frac{p((a : a']) - p((a : a'))}{p((a : a'])} \\ &\leq 1 + 2\sum_a p(a) \sum_{a<a'} \int_{p((a:a'))}^{p((a:a'])} \frac{dt}{t} \\ &\leq 1 + 2\sum_a p(a) \int_{p(a)}^{1} \frac{dt}{t} \\ &= 1 + 2\sum_a p(a)(\ln(1) - \ln(p(a))) = 1 - 2\sum_a p(a)\ln(p(a)) \\ &= 1 + 2\ln(2) \cdot H(A). \end{aligned}$$

Hierin ist $\ln(x)$ der Logarithmus zur Basis $e \approx 2,7$.

Nun erfordert das Rotieren zur Wurzel die gleiche Zeit wie das Suchen, so daß wir als obere Schranke für die mittlere Suchzeit

$$(2 + 4\ln(2) \cdot H(A)) \cdot t$$

erhalten. Rechnen wir das mit der Berechnung von ζ verbundene Zählen mit ein und das Abwärtszählen bei der Ausgabe der sortierten Eingabefolge, dann erhalten wir für *mittlere Laufzeit* $Sort(A,p)$ *des Sortierverfahrens bei gedächtnisloser Quelle* (A,p) *mit unbekanntem* p

$$Sort(A,p) \leq (4 + 4\ln(2) \cdot H(A)) \cdot t + 4m \ .$$

Der Summand $4m$ ergibt sich aus dem Traversieren des Suchbaumes, wenn m die Anzahl der Blätter dieses Baumes ist. Es kann also $m < n$ sein und es ist stets $m \leq t$, was für $n = \#A$ nicht gelten muß.

1.4.5 Abschätzung der Laufzeit bei anderen Suchverfahren

Sei (A,p) wieder gedächtnislos. Wir gehen von einer Menge von Abbildungen

$$\nu^{(l)} : A \longrightarrow [0 : m-1], \ l = 1, \ldots, k$$

aus. Wir nehmen an, daß das Produkt

$$[\nu^{(1)}, \ldots, \nu^{(k)}] : A \longrightarrow [0 : m-1]^k$$

injektiv ist. In diesem Fall läßt sich also jedes Element a durch seine *Komponenten* $\nu^{(l)}(a)$ eindeutig beschreiben. Wieder können wir $[\nu^{(1)}, \ldots, \nu^{(k)}](a)$ als einen Kode für a auffassen. Wenn jedes $a \in A$ die Anwendung aller Komponenten $\nu^{(l)}$ zur eindeutigen Charakterisierung von a notwendig macht, dann ist die Laufzeit des Verfahrens gleich k für jedes a, und es bleibt nichts zu diskutieren. Ist das jedoch nicht der Fall, dann wird es wichtig, in welcher Reihenfolge die $\nu^{(l)}$ auf a angewendet werden. Eine Heuristik, die sich anbietet, besteht darin, die $\nu^{(l)}$ nahe an der Wurzel anzubringen, die den Baum in m Teilbäume $\mathcal{B}_i$ von ungefähr gleichem Gewicht $p(\mathcal{B}_i)$ aufteilen. Wie wir das auch tun, so wird doch $\frac{1}{\log m} H(A)$ eine untere Schranke für die mittlere Suchzeit sein. Das *Hashing* ist Grenzfall solcher Verfahren.

1.4.6 Die Entropie als untere Schranke für die Größe von Schaltkreisen

Sei $f : \mathbb{B}^k \longrightarrow \mathbb{B}, \mathbb{B} = \{0,1\}$ eine Abbildung. $\alpha = (\alpha_1, \ldots, \alpha_k) \in \mathbb{B}^k$ interpretieren wir als Dualzahl $i = i(\alpha)$ und $\alpha = bin(i)$ bezeichnet die Umkehrfunktion davon. Schreiben wir

$$f_i = f(bin(i)),$$

dann können wir Definitionen von f als Kode für

$$f_0, f_1, \ldots, f_{2^k-1}$$

ansehen. Die Idee besteht also darin, optimale Schaltkreise als Kode für die obige Folge zu wählen. Der Empfänger erhält seine Nachricht, indem er der Reihe nach $bin(i), i = 0, \ldots, 2^k - 1$ als Eingabe in den Schaltkreis eingibt.

Wir betrachten zunächst nur boolesche Ausdrücke, die wir binär kodieren. Wir setzen also

$$A = \{f | f : \mathbb{B}^k \longrightarrow \mathbb{B}\} \quad \text{und} \quad S = \{0,1\}.$$

Ist (A, p) eine gedächtnislose Quelle, dann gilt also

$$H(A) \leq E(A, c),$$

wenn c die binäre Beschreibung der Kodierung von f durch minimale boolesche Ausdrücke ist. Ist p gleichverteilt, dann ergibt sich

$$2^k = \log 2^{2^k} \leq E(A, c).$$

Verwenden wir die booleschen Ausdrücke direkt, dann haben wir für diese Kodierung $\tilde{c}$ und

$$S = \{x_1, \ldots, x_k\} \cup \{\vee, \wedge, \neg, (,)\}$$

d.h. $\#S = k + 5$ die Abschätzung

$$\frac{2^k}{\log(k+5)} \leq E(A, \tilde{c}).$$

Lassen wir beliebige Schaltkreise zu, d.h. ein beliebiges Fanout, dann können wir die Schaltkreise durch Graphen beschreiben, deren Knoten die Operationen aus $\{\vee, \wedge, \neg\}$ sind. Die Kanten des Graphen stellen nun die Variablen dar und somit zusammen mit den drei Operationen und den Klammern das Alphabet S dar. Gibt es N Kanten, dann erhalten wir also im Falle der Gleichverteilung

$$\frac{2^k}{\log(N+5)} \leq E(A, \tilde{\tilde{c}}),$$

wenn $\tilde{\tilde{c}}$ die Kodierung in optimale Schaltkreise beschreibt. Nun kann man jeden Schaltkreis $f : \mathbb{B}^k \longrightarrow \mathbb{B}$, wie man leicht sieht, durch einen Graphen mit $N = 2 \cdot k \cdot 2^k$ Kanten realisieren. Wir erhalten also

$$\log N = k + 1 + \log k$$

und damit bei diesem *Alphabet* die niedrigere Schranke

$$E(A, \tilde{\tilde{c}}) \geq \frac{2^k}{k + 1 + \log k},$$

die, wie man zeigen kann, für fast alle Schaltkreise nahezu optimal ist. Die untere Schranke geht auf Shannon, die obere auf Lupanov zurück.

Gehen wir davon aus, daß uns zur Konstruktion des Schaltkreises eine Bibliothek von Schaltkreisen (Makros) als Bausteinsystem zur Verfügung steht, dann erhalten wir eine entsprechende Schranke, wenn wir anstelle von $N + 3$ nun $N + N_1$ setzen, wo N_1 die Größe des Bausteinsystemes ist. Nehmen wir an, daß $N_1 \leq N$ gilt, dann erhalten wir, wie man leicht sieht, die gleiche Abschätzung.

1.4.7 Die Entropie als untere Schranke für Sortierverfahren

Wir haben in den Abschnitten 1.4.3 und 1.4.4 gesehen, daß wir mit *Baumverfahren* im Mittel in Zeit $t \cdot (H(A) + 4)$ Folgen der Länge t, die die Quelle (A, p) erzeugt, sortieren können und daß es mit diesen Verfahren auch nicht besser geht. Wir wollen zeigen, daß $H(A)$ unter recht allgemeinen Voraussetzungen eine untere Schranke für das Sortieren darstellt. Hierzu definieren wir eine Klasse $\mathcal{M}$ von zulässigen Maschinen. Wir schwächen die Aufgabenstellung ab, indem wir verlangen, daß die Maschinen das Problem nur für Eingaben der Länge $t \in \mathbb{N}$ lösen sollen. Die Steuerung des Programmablaufes erfolgt i.a. sowohl in Abhängigkeit von der Problemgröße als auch von den individuellen Daten. Wir treffen die folgende Einschränkung: Adressensubstitutionen bei Berechnungen dürfen nur in Abhängigkeit von der Problemgrößen t und $n = \#A$ stattfinden. In Adressenregistern kann gezählt werden, ihr Inhalt kann geschiftet werden und das kann auch in Abhängigkeit von t und n, dem Stand anderer Adressenregister oder Maschinenkonstanten getan werden. Aus dieser Voraussetzung folgt aber bereits, daß die Adressen, auf die bei Berechnungen der Maschinen aus $\mathcal{M}$ nicht von der Eingabefolge

$$a_1, a_2, \ldots, a_t$$

abhängen, sondern sich allein aus der Maschine und aus (t, n) ergeben. Als Operatoren auf dem Datenspeicher ρ lassen wir nur die Operationen

$$\textbf{if} \quad \rho(\gamma) < \rho(\gamma') \quad \textbf{then} \quad (\rho(\gamma), \rho(\gamma')) := (\rho(\gamma'), (\rho(\gamma)) \quad \textbf{fi}$$

zu oder Befehle

$$\rho(\gamma) := \rho(\gamma'),$$

wenn die Speicherzelle γ vorher weder beschrieben noch gelesen wurde.

Damit können wir jede mit **begin** startende Berechnung – bei fest gegebenem Programm – eindeutig dadurch beschreiben, wie sich das Programm bei den **if**-Operationen verzweigt. Jede Eingabefolge $a_1, \ldots, a_t$ erzeugt also eine Folge $\sigma =$ **begin** $\alpha_1, \ldots, \alpha_r$ mit $\alpha_i \in \{0, 1\}$, die den Sortiervorgang eindeutig beschreibt.
Nun sieht man wie folgt, daß die Folge **begin** $\alpha_1, \ldots, \alpha_r$ zusammen mit der sortierten Folge auch die Eingabefolge eindeutig bestimmt: Der Stand der Indexregister γ ist unabhängig von der speziellen Eingabe zu jedem Zeitpunkt der Berechnung eindeutig bestimmt. Somit sind alle Befehle zu jedem Zeitpunkt eindeutig bestimmt, wenn wir wissen, welcher Befehl aktuell ist. Da uns die Programmverzweigungen alle durch σ vorgegeben sind, können wir den zu jedem Zeitpunkt aktuellen Befehl eindeutig bestimmen. Nun gehen wir diese so festgelegte Befehlsfolge rückwärts mit dem Resultat beginnend durch. Offenbar sind die **if**-Operationen umkehrbar. Die Zuweisungen

$$\rho(\gamma) := \rho(\gamma')$$

kehren wir um durch

$$\rho(\gamma') := \rho(\gamma);$$

die Umkehrung erzeugt zwar nicht notwendig den vor der Operation $\rho(\gamma) := \rho(\gamma')$ in $\rho(\gamma)$ enthaltenen Wert, aber sie ist hinreichend, da $\rho(\gamma)$ zuvor weder gelesen noch beschrieben worden war. Also können wir in der Tat die Eingabe zu (**begin**,$\alpha_1, \ldots, \alpha_r$, Ausgabe) rekonstruieren. Bei fester Ausgabe ist also

$$\textbf{begin} \quad \alpha_1, \ldots, \alpha_r$$

ein Kode für die Eingabe.

Sei nun

$$R_t = \{r : A \longrightarrow \mathbb{N}_0 | \sum_{a \in A} r(a) = t\}$$

und $b \in A^t$ eine Folge mit

$$r(a) = \#\{i \in [1 : t] | b_i = a\}.$$

In diesem Fall bezeichnen wir r als *Multiplizitätenfunktion* von b und schreiben $r = \mu(b)$.
Wir setzen

$$A_r^{(t)} = \{b \in A^t | \mu(b) = r\}.$$

Offensichtlich kodiert $\sigma =$ **begin** $\alpha_1, \ldots, \alpha_r$ zu fester Ausgabe $b \in A_r^{(t)}$ gerade eine Folge aus $A_r^{(t)}$, d.h., daß die *Signaturen* σ einen Kode für $A_r^{(t)}$ bei festem b bilden. Nun gilt

$$A^t = \bigcup_{r \in R_t} A_r^{(t)} \quad \text{und} \quad A_r^{(t)} \cap A_{r'}^{(t)} = \emptyset \quad \text{für} \quad r \neq r'.$$

Da die Laufzeit des Programmes nicht von a, sondern nur von (t, n) abhängt, genügt es, die Laufzeit für den ungünstigsten Fall von unten abzuschätzen. Dazu betrachten wir

$$p_r : A_r^{(t)} \longrightarrow [0, 1]$$

mit

$$p_r(a) = \frac{p(a)}{p(A_r^{(t)})}$$

und bezeichnen die zugehörige Entropie durch $H(A_r^{(t)})$. Wir haben also für jedes r

$$H(A_r^{(t)}) \leq \quad \text{Rechenzeit}(t).$$

Bei festem r haben wir für den Fall, daß p die Gleichverteilung auf $A_r^{(t)}$ ist, daß

$$H(A_r^{(t)}) = \log(\#A_r^{(t)}).$$

Nun ist

$$\#A_r^{(t)} = \binom{t}{r_1 \; r_2 \; \cdots \; r_n} = \frac{t!}{r_1! \cdots r_n!},$$

wenn $A = \{a_1, \ldots, a_n\}$ und $r_i = r(a_i)$ gesetzt wird. Der Ausdruck wird maximal, wenn $r_i = r_j$ für alle $i, j \in [1 : n]$ gilt. Damit erhalten wir

$$\max\{H(A_r^{(t)}) | r \quad \text{Multiplizität}\} = t \cdot \log n.$$

Damit ist also, da die Laufzeit der Maschine nur von t und n abhängt,

$$t \cdot \log n \leq \quad \text{Laufzeit von} \quad \mathcal{M}.$$

Hängt die Laufzeit der Maschine nur von t ab, dann wird die Maschine es nicht bemerken, wenn wir A zu einer t-elementigen Menge erweitern. In diesem Falle erhalten wir somit $t \cdot \log t$ als untere Schranke für die Laufzeit.

Auf der hier definierten Maschine lassen sich bekannte Sortierverfahren, wie Even-Odd-Sortieren, implementieren, so daß diese Abschätzungen interessant sind.

Wir sehen also, daß die Baumsortierer dieser Maschinenklasse hinsichtlich ihrer mittleren Laufzeit i.a. überlegen sind, da der Baumsortierer auf die Entropie $H(A) \leq \log n$ Rücksicht nimmt.

1.4.8 Die Entropie als untere Schranke für beliebige Berechnungen

Wir haben im vorigen Abschnitt eine untere Schranke für die mittlere Dauer des Sortierens dadurch erhalten, daß wir durch Einschränkungen hinsichtlich der erlaubten Operationen durch eine Umkehrung des Programmes die zu einer Ausgabe gehörige Eingabe rekonstruieren konnten. Diese Annahme ist sehr einschränkend, so daß wir auch den allgemeinen Fall diskutieren wollen.

Wir gehen davon aus, daß die Eingabeparameter stets in der Form

$$(n, x_1, \ldots, x_n)$$

an einer ein für allemal vereinbarten Stelle des Speichers abgelegt werden. Das gleiche setzen wir für das Resultat der Berechnung voraus, so daß unser Programm niemals explizite Adressen verwenden muß, sondern sich stets auf Indexregister beziehen kann, die wir wieder mit $\gamma, \gamma', \ldots$ bezeichnen.

Unter der *Spur* einer Berechnung verstehen wir die Folge der Befehle, die die Maschine von **begin** bis **end** durchläuft. Die *Signatur* σ einer Berechnung erhält man aus der Spur der Berechnung, wenn man nur notiert, wie sich das Programm an den Abfragen verzweigt; σ ist also eine binäre Folge. σ bestimmt die Spur eindeutig. Wir setzen nun für $\sigma \in \{0,1\}^*$

$$D_\sigma = \{x = (n, x_1, \ldots, x_n) \mid x \quad \text{als Eingabe erzeugt die Signatur} \sigma\}.$$

Offensichtlich gilt

$$D_\sigma \cap D_{\sigma'} = \emptyset \quad \text{für} \quad \sigma \neq \sigma'$$

und

$$D = \bigcup_{\sigma \in \mathbb{B}^*} D_\sigma$$

ist der Haltebereich des Programmes.
Ist p ein Wahrscheinlichkeitsmaß auf $\mathbb{R}^n$ und sind die D_σ meßbar mittels p, dann können wir (A, p) mit

$$A = \{D_\sigma | \sigma \in \mathbb{B}^*\}$$

als Quelle ansehen. **begin** σ ist dann ein Kode für A und wir erhalten für die mittlere Signaturlänge von *programm* $E(A, programmsignatur)$

$$H_D(A) \leq E(A, programmsignatur).$$

Da |Spur| $\geq$ |Signatur|, gilt für die mittlere Laufzeit $E(programm)$

$$H_D(A) \leq E(programm).$$

$H_D(A)$ schätzt also die mittlere Laufzeit von *programm* auf seinem Haltebereich D ab.

Konvexe Hülle in der Ebene

Wir betrachten als Anwendungsbeispiel die Berechnung der konvexen Hülle von Punktmengen $\mathcal{P} \subset \mathbb{R}^2$. Zunächst bauen wir einen Suchbaum $\mathcal{B}$ für geradlinig begrenzte Mengen D_σ mit

$$D_\sigma \cap D_{\sigma'} = \emptyset \quad \text{für} \quad \sigma \neq \sigma'$$

und

$$\mathbb{R}^2 = \bigcup_{\sigma \in \mathbb{B}^*} D_\sigma \,.$$

Wir wollen annehmen, daß wir auf $\mathbb{R}^2$ ein Maß p haben mit dem diese Mengen meßbar sind. Weiter nehmen wir an, daß

$$\begin{aligned}
p(D_{(1)}) + \varepsilon_1 &= \frac{1}{2}, \\
p(D_{(00)}) + \varepsilon_2 &= \frac{1}{8}, \\
p(D_{(01)}) + \varepsilon_2 &= \frac{1}{8}, \\
p(D_\sigma) + \varepsilon_l &= \frac{1}{2^{2l-1}} \quad \text{für} \quad |\sigma| = l
\end{aligned}$$

gilt; über die Abweichungen ε_l werden wir später verfügen. Betrachten wir nun (A, p) mit

$$A = \{D_\sigma \mid \sigma \in \mathbb{B}^*\}$$

als Quelle, dann erhalten wir

$$\begin{aligned}
H(A) &= -\sum_{B^*} p(D_\sigma) \log p(D_\sigma) \\
&= -\sum_{1}^{\infty} 2^{l-1} \cdot (\frac{1}{2^{2l-1}} - \varepsilon_l) \cdot \log(\frac{1}{2^{2l-1}} - \varepsilon_l)
\end{aligned}$$

$$= (2\sum_{l=1}^{\infty}\frac{l}{2^l} - \sum_{l=1}^{\infty}\frac{1}{2^l} - \sum_{l=1}^{\infty}\varepsilon_l \cdot (2l-1)2^{l-1}) \cdot (1 - \log(1 - \varepsilon_l \cdot 2^{2l-1}))$$
$$= 3 - \sum_{l=1}^{\infty}\varepsilon_l' \frac{(2l-1)\cdot 2^{l-1}}{2^{2l}} \cdot (1 - \log(1 - \frac{1}{2}\varepsilon_l'))$$

wenn wir

$$\varepsilon_l = \varepsilon_l' \cdot 2^{-2l}$$

setzen. Nehmen wir weiter an $|\varepsilon_l'| \leq 1$, dann erhalten wir

$$\sum_{l=1}^{\infty}|\varepsilon_l'|\frac{2l-1}{2^{l+1}}(2 - \log(2 - \varepsilon_l')) \leq 3.$$

Also haben wir

$$H(A) \leq 6.$$

Das bleibt auch richtig, wenn wir alle Mengen D_σ mit $|\sigma| > k$ zu einer Menge D_∞ zusammenfassen. Somit erhalten wir die untere Schranke $t \cdot H(A)$ für die mittlere Suchzeit, wenn unsere Quelle Folgen der Länge t produziert

$$t \cdot H(A) \leq 6 \cdot t.$$

Nun stellt sich die Frage, ob man zu gegebenem p die Mengen D_σ so wählen kann, wie wir es voraussetzen und ob man diese Menge D_σ dann auch hinreichend schnell berechnen kann.
Die einmalige Konstruktion des Suchbaumes bei bekanntem p fällt natürlich bei sehr großem t nicht ins Gewicht. Entscheidend ist, wieviele Begrenzungskanten D_σ benötigt werden, da diese Anzahl die Anzahl der Abfragen bestimmt.

Wir betrachten die folgende Vorgehensweise: Wir wählen ein Quadrat $D^{(1)}$, dessen Seiten durch die Linien L_1, L_2, L_3, L_4 gegeben seien. Diese Linien können wir bei stetigem p so wählen, daß

$$|p(D^{(1)}) - \frac{1}{2}| \leq |\varepsilon_1|$$

erreichbar ist. Die Punkte $a \in \mathbb{R}^2$, die in $D^{(1)}$ liegen, können bei geeigneter Orientierung der Linien durch die vier Abfragen

$$L_i(a) \geq 0, \quad \text{für} \quad i = 1, \ldots, i = 4$$

lokalisiert werden. (Die Abfrage mit $\geq$ oder $>$ ist unerheblich, wenn $p(L_i) = 0$ ist, was wir annehmen wollen.)

Nun legen wir um $D^{(1)} = \mathrm{Ring}^{(0)}$ einen $\mathrm{Ring}^{(1)}$ aus 8 Flächenstücken $D^{(2)}, \ldots, D^{(9)}$. Darum einen $\mathrm{Ring}^{(2)}$ aus $D^{(10)}, \ldots, D^{(25)}$ und so weiter.

$$\mathrm{Ring}^{(l)} = D^{(2l-1)^2+1}, \ldots, D^{(2l+1)^2}.$$

Die Ringe werden so dimensioniert, daß

$$p(\mathrm{Ring}^{(l+1)}) \approx \frac{1}{2} p(\mathrm{Ring}^{(l)})$$

ist. Weiter soll

$$\bigcup_{k=0}^{l} \mathrm{Ring}^{(k)}$$

stets ein Quadrat sein.

Die Figur 1.6 skizziert die Konstruktion näher:

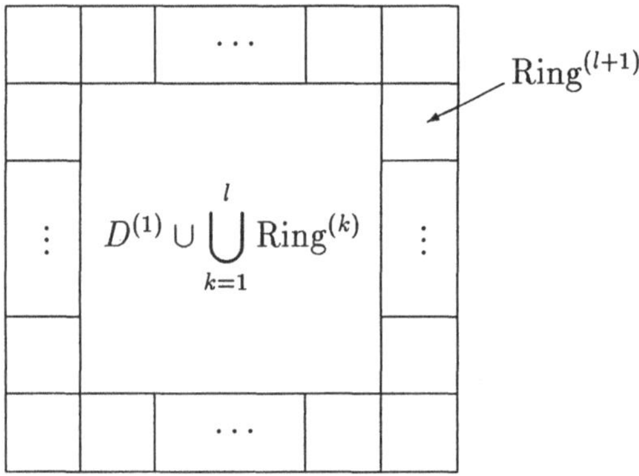

Figur 1.6: Ringkonstruktion für konvexe Hülle

Die Flächenteile des Rings werden i.a. keine Quadrate sein und auch nicht paarweise das gleiche Gewicht haben. Auf $\mathrm{Ring}^{(l)}$ liegen $8 \cdot l$ Rechtecke.

Das folgende Schema gibt durch die Eintragungen in den Rechtecken die Anzahl der Entscheidungen an, die erforderlich sind, einen Punkt in dem jeweiligen Rechteck zu lokalisieren.

10	9	8	7	8	9	10
9	8	7	6	7	8	9
8	7	6	5	6	7	8
7	6	5	**4**	5	6	7
8	7	6	5	6	7	8
9	8	7	6	7	8	9
10	9	8	7	8	9	10

Figur 1.7: Suchaufwand in Ringkonstruktion

Wir sehen, daß jedes Rechteck auf dem Ring$^{(l)}$ zur Lokalisierung eines Punktes in ihm höchstens $2 \cdot (l+2)$ Entscheidungen benötigt. Also können wir die mittlere Suchzeit E bei diesem Suchbaum abschätzen durch

$$E < \sum_{l=1}^{\infty} \frac{2 \cdot (l+2)}{2^{l+1}} = 6$$

Wir sehen, daß unser Suchalgorithmus recht gut ist.

Nun bleibt die Frage zu behandeln, wie man aus der Lokalisation der Folge

$$a_1, \ldots, a_t$$

in dem Baum $\mathcal{B}$ Vorteil zur Konstruktion der konvexen Hülle zieht.

Beschreibung des Algorithmus: Jedes von der Quelle erzeugte Element $a \in D^{(l)}$ wird in dem zu $D^{(l)}$ gehörigen Knoten abgelegt. Jede in dem Baum einmal begangene Kante wird markiert. Auf diese Weise erhalten wir einen Unterbaum $\mathcal{B}^t$ unseres Baumes, dessen Blätter die Punkte mit extremer Lage enthalten. Für die Punkte in diesen Knoten berechnet man nun die konvexe Hülle. Hierzu verwendet man z.B. das auf der Konstruktion von Voronoi-Diagrammen beruhende Verfahren mit einer Laufzeit $t' \cdot \log t'$, wenn t' die Anzahl der Elemente auf den Blättern ist. Nun wird die Anzahl der Punkte auf den Blättern unseres Baumes nur etwa $\log t$ sein, so daß wir damit insgesamt eine lineare Laufzeit erwarten dürfen. Wir schätzen die Laufzeit dieses Algorithmus nach oben ab.

Nehmen wir für unsere Verteilung an, daß die Ecken $E_1^{(l)}, \ldots, E_4^{(l)}$ von Ring$^{(l)}$ nicht benachteiligt sind, so daß also

$$p(E_i^{(l)}) \geq \frac{1}{8 \cdot l} p(\text{Ring}^{(l)}) \qquad (*)$$

gilt, dann wird für

$$(8l)^4 < \frac{t}{2^l}$$

die Wahrscheinlichkeit $> \frac{1}{2}$ dafür, daß in jeder Ecke mindestens ein Punkt liegt. In diesem Fall liegen alle Punkte der konvexen Hülle ganz in Ring$^{(l)}$.

Wir gehen mit dem Ansatz

$$\tilde{l}_t = \alpha \cdot \log t$$

in unsere Ungleichung und erhalten

$$(8\alpha \log t)^4 < \frac{t}{2^{\alpha \cdot \log t}} = t^{(1-\alpha)}$$

was für $\alpha \in (0,1)$ und große t stets erfüllt ist.
Wir setzen nun

$$l_t = [\tilde{l}_t],$$

wobei [ ] die Rundung auf eine nächstgelegene ganze Zahl bezeichnet.

Nun interessieren wir uns für die Wahrscheinlichkeit der Fälle, daß die konvexe Hülle der Punkte in Ring$^{(l)}$ die Ringe$^{(l-r)}$ für $r > 1$ einschließt.
Hinreichend dafür ist, wie wir schon festgestellt haben, daß in jedem Eckflächenstück von Ring$^{(l)}$ mindestens ein Punkt liegt. Indem wir abschätzen wie häufig das nicht vorkommt, erhalten wir eine obere Schranke für die Wahrscheinlichkeit, daß auch innere Ringe mit betrachtet werden müssen.

Nun ist die Wahrscheinlichkeit dafür, daß nicht alle Ecken $E_i^{(l_t)}, i = 1,2,3,4$ einen Punkt enthalten $< \frac{1}{2}$. Die Wahrscheinlichkeit dafür, daß das für die Ecken von Ring$^{(l_t-1)}$ nicht gilt, ist $< \frac{1}{4}$, da wir in diesem Ring doppelt so viele Elemente haben. Allgemein: Die Wahrscheinlichkeit dafür, daß nicht jedes Eckflächenstück von Ring$^{(l_t-r)}$ einen Punkt enthält, ist $< \frac{1}{2^r}$.

Also ist die Wahrscheinlichkeit, daß die konvexe Hülle aller Punkte nicht in

$$\bigcup_{l=l_t-r}^{l_t} \text{Ring}^{(l)}$$

liegt,

$$< P_r := \frac{1}{2} \cdot \frac{1}{2^2} \cdot \ldots \cdot \frac{1}{2^r}.$$

Auf dem Ring$^{(l_t-r)}$ liegen im Mittel

$$\frac{t}{2^{l_t-r}} \approx 2^r \cdot t^{(1-\alpha)}$$

Punkte. Mit einem Standardverfahren zur Berechnung der konvexen Hülle kommen wir mit einer Laufzeit

$$\leq C \cdot 2^r \cdot t^{(1-\alpha)}(\log t^{(1-\alpha)} + r) \leq C \cdot 2^r \cdot t^{(1-\alpha)}(\log t + r)$$

aus, worin C eine nicht von t abhängige Konstante ist. Hieraus folgt, daß wir im Mittel, da $\log t$ nicht von der Verteilung abhängt, im Mittel mit weniger als

$$\begin{aligned} C & \cdot \sum_{r=0}^{[\log t]} p_r \cdot 2^r \cdot t^{(1-\alpha)}(\log t + r) \\ \leq & \quad C \cdot t^{(1-\alpha)} \log(t) \sum_{r=0}^{\infty} p_r \cdot 2^r (1 + \frac{r}{\log t}) \\ < & \quad 2 \cdot C \cdot t^{(1-\alpha)} \log(t) \end{aligned}$$

Operationen auskommen.
Also für jedes $\alpha \in (0,1)$ erhalten wir eine mittlere Laufzeit kleiner als t für hinreichend große t. Das ergibt zusammen mit unserer Abschätzung für die mittlere Laufzeit $6 \cdot t$ zum Aufbau des Suchbaumes insgesamt als Abschätzung für die mittlere Laufzeit unseres konvexe-Hülleprogrammes den Ausdruck $7 \cdot t$ für hinreichend große t.

Die Stelle, von wo an t hinreichend groß ist, kann man durch die Wahl von α beeinflussen. Dem Problem, α günstig zu wählen, gehen wir nicht weiter nach. Wir fassen unser Resultat zusammen:

Satz 1.6 *Ist p ein Wahrscheinlichkeitsmaß auf $\mathbb{R}^2$, das die Eigenschaft $(*)$ von Seite 57 für eine geeignete Folge von Ringkonstruktionen erfüllt, dann läßt sich zu Punktmengen, die gemäß p verteilt sind, das konvexe-Hüllen-Problem in einer mittleren Laufzeit $< 7 \cdot t$ lösen, wenn die Anzahl t der durch die Quelle erzeugten Punkte hinreichend groß ist.*

Man sieht leicht, daß sich diese Konstruktion auf Räume $\mathbb{R}^k$ mit $k > 2$ übertragen läßt.
Es ist auch leicht, sich von den Rechtecken zu lösen, indem man $\mathbb{R}^2$ durch affine Abbildungen verzerrt. Ebenso kann man anstelle der Quadrate z.B. Kreise setzen. Wesentlich war nur, daß wir eine Abschätzung für die Wahrscheinlichkeit angeben konnten, mit der die konvexe Hülle keine Knoten in inneren Regionen enthält. So kann anstelle des Ausdruckes $(8l)^4$ irgendein Ausdruck der Form $(\beta l)^4$ stehen.

1.4.9 Anwendungen in der Kryptographie

Gedächtnislose Quellen (A,p) mit $H(A) = \log n$ erzeugen zufällige Folgen. Ist (A,p) nicht zufällig, dann können wir sie durch geeignete Kodierungen einer zufälligen Quelle beliebig nahe bringen. Das ist ein Teil der Ausage des Kodierungstheoremes. Wir haben im Beweis des Theorems die Quelle (A,p) durch die Quelle $(A^r, p^{(r)})$ ersetzt, worin $p^{(r)}$ die Fortsetzung der unabhängigen Wahrscheinlichkeitsverteilung p auf A^r ist.

Aus zufälligen Folgen kann man keine *Information* entnehmen. Das soll folgendes heißen:

Ist $f : \mathbb{N} \times A^s \longrightarrow \{0,1\}$ eine berechenbare Abbildung und

$$a_\omega := a_1, a_2, a_3, \ldots, a_t, \ldots$$

eine unendliche zufällige Folge mit Elementen aus A, und existiert

$$\mu(l) = \lim_{t \to \infty} \frac{\sum_{i=l}^{t} f(i, a_i, \ldots, a_{i+s-1})}{t},$$

dann ist $\mu(l) = \mu(l')$ für alle $l, l' \in \mathbb{N}$.

Man kann also jede gewünschte Information immer wieder mit gleicher Zuverlässigkeit aus zufälligen Folgen entnehmen. Das besagt aber, daß es keinen Grund gibt, anzunehmen, daß man jemals irgendeine Information aus einer zufälligen Folge entnommen hat.

Diese Intuition besagt, daß Kodierungen von Quellen (A,p) in nahezu zufällige Folgen schwer zu brechen sein sollten.

Wir betrachten nun nur binäre Kodierungen. Jeder präfixfreie Kode läßt sich durch einen binären Baum repräsentieren. Wir dürfen annehmen, daß dieser Baum keine Knoten enthält, von denen nur eine Kante ausgeht. In diesem Fall könnten wir nämlich diesen Knoten eliminieren und wir erhielten einen besseren präfixfreien Kode. Wir haben damit einen Baum, dessen Wege von der Wurzel zu den Blättern über ihre Beschriftung einen Kode C definieren, so daß zu jedem $u \in \{0,1\}^k$ genau ein Präfix in C liegt, wenn $|u|$ größer oder gleich der Tiefe des Baumes ist. Hieraus folgt, daß sich jede unendliche Folge a_ω in ein Produkt von Faktoren aus C zerlegen läßt. Man kann also einer unendlichen Folge aufgrund von Faktorzerlegungen nicht ansehen, mit welchem Kode C sie erzeugt wurde. Will man also aus a_ω die originale Quelle rekonstruieren, so wird das schwer sein. Ist a_ω eine zufällige Folge, dann ist es, wie sich aus dem Gesagten ergibt, unmöglich.

Nun übertragen wir i.a. keine unendlichen Folgen, sondern brechen mit irgendeinem t ab. In diesem Fall haben wir also die Chance, einige der Kodes als nicht betroffen auszuscheiden. Verabreden wir allerdings als *Schlußsequenz* stets eine Folge $u \in \{0,1\}^*$ zu übertragen, die nicht in C liegt, aber Präfix eines Elementes aus C ist, dann verlieren wir bei präfixfreien Kodes nicht die eindeutige Dekodierbarkeit. Die Schlußsequenz wird also stets als solche erkennbar sein. Wir erhalten damit aus $a_1, \ldots, a_t$ keinen Anhalt über C, außer daß C Folgen enthält, deren Länge kleiner als t ist. Ein Gegner kann damit für einen Angriff auf den Kode nur statistische Tests verwenden, um Abweichungen von $a_1, \ldots, a_t$ von zufälligen Mustern zu beurteilen. Hierbei wird es also wesentlich sein, wie gut unser Kode ist, d.h. wie nahe die mittlere Kodelänge pro Zeichen an $H(A)$ herankommt. In realistischen Fällen können wir nicht A^r für größere r nahezu optimal kodieren; selbst A^2 ist zu groß, wenn A ein akzeptabler deutscher Wortschatz ist. Wie soll man also diese Konzepte dann verwenden?

Zur Beantwortung dieser Frage betrachten wir zunächst das Schema der skizzierten Nachrichtenübertragung etwas genauer.

Wir nehmen an, daß A ein Teil des deutschen Wortschatzes ist in allen seinen Abwandlungen, die er im Satzbau erfährt. Wir nehmen an, was natürlich nicht den Tatsachen entspricht, daß p eine unabhängige Verteilung ist, die ganz auf zwei Kommunikationspartner (1) und (2) abgestimmt ist. Beide berechnen einen präfixfreien, die lexikographische Ordnung erhaltenden Kode, dessen mittlere Größe zwischen $H(A)$ und $H(A)+2$ liegt. Wenn (1) an (2) eine Nachricht schickt, dann lokalisiert er die verwendeten Worte in seinem Suchbaum und sendet die Markierung des Pfades von Wurzel zum Eintrag an (2). Dieser geht mit der empfangenen Nachricht in sein Exemplar des Baumes und folgt dem Weg, der ihm durch die Markierungen angegeben wird. An den Blättern findet er die Wörter des übertragenen Textes.

An dieser Konstruktion sind drei Dinge unrealistisch:

1. A ist nicht bekannt.

2. p ist nicht bekannt.

3. p ist nicht unabhängig.

Der Kode ist angreifbar, wenn der Gegner Gelegenheit hat, A und p approximativ durch Beobachtung von den beiden Kommunikationspartnern zu bestimmen. Wir können uns von diesen Nachteilen befreien, wenn wir zunächst einmal annehmen, daß (3.) nicht gilt. Wir nehmen also an, daß zwar A und p nicht bekannt sind, aber daß (A,p) gedächtnislos ist.

Nun verwenden wir das geschilderte Verfahren, einen guten Suchbaum aufzubauen, indem neue oder wieder gebrauchte Wörter im Baum unter Erhaltung der Anordnung nach oben rotiert werden. Das tun wir bei jedem Wort, das wir übertragen. Indem das Empfänger und Sender tun, befinden sie sich stets im Besitz des gleichen Suchbaumes. Dieser Suchbaum ist nun aber nicht nur von (A, p) abhängig, sondern auch von der ganzen Vorgeschichte der Kommunikation. Wir arbeiten nun also nicht mehr mit einem konstanten Kode. Unser Kode verwandelt sich vielmehr mit jedem übertragenen Wort in einen anderen präfixfreien Kode. Es entwickelt sich auf diese Weise zwischen den Partnern eine geheime Sprache, die ganz auf ihre spezielle Kommunikation abgestellt ist. Da die Transformationen des Kodes diesen stets in der Nähe des Optimums halten und da es, wie schon ausgeführt, keine Anhaltspunkte zur Bestimmung des verwendeten Kodes gibt, erscheint dieser Kode kaum angreifbar zu sein. Ein Gegner müßte die gesamte Kommunikation von Anbeginn an pausenlos mithören, um etwas verstehen zu können.

Wie man sich von der Voraussetzung (A, p) *gedächtnislos* befreien kann, darauf gehen wir in Kapitel 2 näher ein. Der Kode erscheint wie jeder Kode als sehr empfindlich hinsichtlich von Störungen. Darauf kommen wir im Kapitel 3 zurück, wenn wir gestörte Kanäle behandeln. Die Komplexität des Algorithmus kann man reduzieren, indem man die Eintragungen an den Knoten soweit verkürzt, daß die Information hinreichend ist. Diese Verkürzung braucht allerdings ein Vorwissen über mögliche Nachbarschaften. Es genügt, von einem Wort in einem inneren Knoten zur Pfadfindung nur den kürzesten Präfix zu speichern, aufgrund dessen sich das Wort von allen anderen Wörtern von A unterscheidet.

1.5 Kritische Würdigung des Kodierungstheorems

Wir wollen uns hier kurz mit den folgenden drei Fragen auseinandersetzen:

(1) *Erreicht die Theorie das erstrebte Ziel oder treten Schwierigkeiten auf, wenn man Kodierung und Dekodierung zum Kanal schlägt, was man wohl tun muß?*

(2) *Ist die Voraussetzung, daß (A, p) gedächtnislos ist, wesentlich?*

(3) *Ist die Annahme* störungsfrei *von Bedeutung?*

Ad (1): Der Einfachheit halber nehmen wir an, daß $A \subset \{0,1\}^k$ ist. Die Kodierung ist also eine partielle Abbildung $C : \{0,1\}^k \longrightarrow \{0,1\}^*$. Ist $H(A)$ wesentlich kleiner als k, dann können wir den Datenstrom wesentlich komprimieren. Sei etwa $r \cdot H(A) = k$, dann können wir also die Folgen der Länge k im Mittel etwa im den Faktor r verkürzen.

Erzeugt also die Quelle k Bit/sec, dann genügt es für den Übertragungskanal, eine Rate von $\frac{k}{r}$ Bit/sec zur Verfügung zu haben. Voraussetzung ist dabei natürlich, daß der Rechner, der die Kodierung und Dekodierung durchzuführen hat, mithalten kann. Jeder Suchschritt in dem Baum erfordert mindestens eine Leseoperation und zwei Abfragen. Dazu kommt die Versetzung von Verweisen, um die *Rotation* zu realisieren. Somit mag es sein, daß die Kapazität des Kanales nicht voll ausgenutzt werden kann, da der Wunsch nach einer möglichst starken Datenkompression zu Rechenzeiten führt, die die Kapazität des Gesamtkanals, bestehend aus Kodierer, eigentlichem Kanal und Dekodierer, mindern. Man sieht, daß hier das Kodierungstheorem eine Idealisierung voraussetzt, die praktisch nicht immer erlaubt sein wird.

Ad (2): Stellen wir uns einen Beobachter vor, der uns ärgern will. Er kennt unser Kodierungsverfahren und verfolgt die Geschichte der Suchanfragen mit. Somit weiß er, wie unser Baum aufgebaut ist. Nun stellt er stets Anfragen nach Einträgen, die die längste Bearbeitungszeit erfordern. Man sieht, daß wir in diesem Falle einen Durchsatz erzielen, der eventuell sehr weit unter dem erwarteten Mittelwert liegt. Die Ursache ist das Gedächtnis der Anfragequelle. Also ist es notwendig, den Fall der Quellen mit Gedächtnis zu behandeln. Unser Beobachter wird allerdings unter jeder Voraussetzung erfolgreich gegen uns spielen, wenn er unsere Anlage des Suchbaumes und den Suchalgorithmus kennt. Dem kann man entgegenwirken, indem man einen nichtdeterministischen oder randomisierten Algorithmus ins Spiel bringt.

Ad (3): Übertragungsstörungen werden unser Übertragungsverfahren sehr durcheinander bringen. Die Verallgemeinerung des Kodierungssatzes auf den Fall gestörter Kanäle werden wir in Kapitel 3 behandeln. Die einfachste Weise, diesen Störungen entgegenzuwirken, besteht in der Verabredung eines Protokolles für den Nachrichtenaustausch, der die Bestätigung empfangener Nachrichten und die Wiederholung gestörter Nachrichten vorsieht.

Kapitel 2

Informationstheorie bei Markovketten

2.1 Quellen mit Gedächtnis

Wir haben in Kapitel 1 die grundlegenden Definitionen über die Entropie von Quellen, ihre Kodierung und verschiedene Perspektiven ihrer Anwendung behandelt, und zwar alles unter der Annahme, daß die Quellen gedächtnislos sind. Im letzten Paragraphen von Kapitel 1 haben wir gezeigt, daß diese Annahme einschränkend ist. In der Tat ist es so, daß es kaum gedächtnislose Quellen gibt. Die Betrachtung einer Quelle unter dieser Annahme ist allerdings solange gerechtfertigt, als wir nichts näheres darüber wissen. In gewissem Sinne besteht das gesamte Programm unserer Wissenschaften darin, Strukturen in den Quellen zu entdecken, die uns eine Vorhersage von Ereignissen gestatten und die Komprimierung der beobachteten Ereignisfolgen auf Anfangsbeobachtungen und Gesetze, die deren Entwicklung daraus herzuleiten gestatten. Das Programm, das in reinster Form von Laplace ausgesprochen wurde, lautete: Ermittle einen Weltquerschnitt zu einem Zeitpunkt t_0 und leite daraus aufgrund der Naturgesetze die zukünftige Entwicklung ab. Dieses Bild faßt die Welt als eine Maschine auf mit eventuell infinitesimalen Operationen, die deterministisch abläuft. Das Laplace'sche Programm ist natürlich eine Idealisierung, schon insofern als wir zu keinem Zeitpunkt einen *Weltquerschnitt*, oder in der Sprache der Informatik die *Konfiguration der Maschine* vollständig bestimmen können. Aber selbst, wenn wir das könnten, wäre das Programm zum Scheitern verurteilt, wie man durch einen Diagonalisierungsschluß wie beim Halteproblem der Turingmaschine zeigen kann. Die Übertragung dieses Schlusses auf $\mathbb{R}$-Maschinen findet man in meiner Arbeit über *Analytische Maschinen.* Es soll hier aber der oben behauptete Zusammenhang zwischen den Fragestellungen der Informationstheorie und dem Konzept der Theorienbildung an einem Beispiel etwas näher erläutert werden.

Stellen wir uns vor, daß ein Fernsehteam die Bewegung der Planeten und Monde des Sonnensystems von einem Ort aus, der einen ungetrübten Blick gestattet, filmen und die Bilderfolge über einen Kanal übertragen würde. Diese Übertragung könnte man sich im wesentlichen schenken, wenn jeder Fernsehempfänger mit einem Computer ausgestattet ist, der aufgrund der ersten wenigen Aufnahmen den zukünftigen Ablauf simulieren könnte. Hier kann man also den Datenstrom der Quelle auf eine einmalige sehr genaue Beobachtung und die Übertragung des Programmes reduzieren, das die Simulation besorgt. Ein Pferdefuß liegt in der *sehr genauen Beobachtung*. Da das eben einen unendlichen Datenstrom erfordert, zumindest nach unserem jetzigen Weltbild, das den Raum als Kontinuum ansieht, ist diese Voraussetzung nicht realisierbar. Verlangen wir aber nur eine Präzision der Vorhersage, die der Auflösung unserer Kamera adäquat ist, dann können wir die ganze Übertragung in der Tat auf eine Anfangsbeobachtung, das Simulationsprogramm und von Zeit zu Zeit eine Aufnahme zur Korrektur der Divergenz von Realität und Simulation beschränken.

Realistischer ist die Vorstellung, daß ein Autorennen übertragen wird. Die Bewegung der Autos wird ja auch vielleicht durch Naturgesetze vollständig beschrieben. Da sich jedoch der Piloten und insbesondere dessen inneren Zustände der Beobachtung entziehen, müssen wir von unvorhersehbaren Eingriffen in den Ablauf des beobachteten *Naturgeschehens* ausgehen. Aber so spontan die Entscheidungen des Piloten auch sind, so wird ihre Auswirkung auf den Ablauf des Geschehens durch die zur Verfügung stehenden Kräfte und beteiligten Massen doch sehr gedämpft. Ein schneller Rechner in jedem Fernseher könnte also stets die Vorgänge auf der Rennstrecke für einen kleinen Zeitabschnitt mit hinreichender Genauigkeit vorhersagen. Zumindest bräuchte man die Ansicht des Wagens, solange er durch äußere Einflüsse nicht verformt wird, nicht stets zu übertragen. Auf diese Weise könnten wir den Datenstrom von Aufnahmequelle zu dem Fernseher erheblich komprimieren. Man sieht, daß unter diesem Aspekt alle Wissenschaft ein Teilbereich der Informationstheorie ist; sie arbeitet an der Herleitung von Kodierungstheoremen zur Komprimierung des beobachteten Datenstroms. Zu Bedenken Anlaß gibt hier natürlich die Tatsache, daß die Wissenschaft zunehmend mehr Daten produziert als komprimiert.

Zurück zu unserer Theorie: Die Quellen, die wir hier beschrieben haben, haben alle ein Gedächtnis. Sie erscheinen uns mehr oder weniger zufällig in Abhängigkeit davon, wieviele der Quellparameter uns durch Beobachtung zugänglich sind, so wie man den schönen Anblick einer Torte, wenn man sie schmecken will, zerstört. Wir beschäftigen uns in diesem Kapitel mit einem ersten Schritt hin zu Quellen mit Gedächtnis.

2.2 Definition von Markovketten

Wir betrachten Folgen

$$(a_1^{(t)}, \ldots, a_k^{(t)}) \quad \text{für} \quad t = 1, 2, \ldots$$

von möglichen Ereignissen, die z.B. durch eine Folge von Experimenten hervorgebracht werden. Wir beobachten also zu jedem Zeitpunkt t stets genau ein Ereignis $a_{i_t}^{(t)}$.

Definition 2.1 *Diese Folge heißt eine* Markovkette, *genau dann, wenn das Auftreten von $a_j^{(t+1)}$ allein durch eine Wahrscheinlichkeit beschrieben wird, die nur von $a_{i_t}^{(t)}$, d.h. vom Auftreten der Ereignisse zur Zeit t bestimmt wird.*

Eine Markovkette wird also dadurch definiert, daß jedem $a_i^{(t)}$ ein Schema

$$a_i^{(t)} \mapsto \begin{pmatrix} a_1^{(t+1)} & ,\ldots, & a_k^{(t+1)} \\ p_{i1}^{(t)} & ,\ldots, & p_{ik}^{(t)} \end{pmatrix}$$

mit $0 \leq p_{il}^{(t)}$ und

$$\sum_{l=1}^{k} p_{il}^{(t)} = 1$$

zugeordnet wird.

Wir haben also ein System, das in Intervallen $(t, t+1)$ für $t \in \mathbb{N}$ genau einen von k möglichen Zuständen annehmen kann. Zu den Zeitpunkten $t \in \mathbb{N}$ kann es seinen Zustand ändern. Die Wahrscheinlichkeit dafür, welcher Zustand angenommen wird, hängt nur von dem Zustand im Intervall $(t-1, t)$ ab.

Wir betrachten zwei Beispiele.

Beispiel 1: Irrfahrt in einem endlichen linearen Gitter mit reflektierendem Rand.

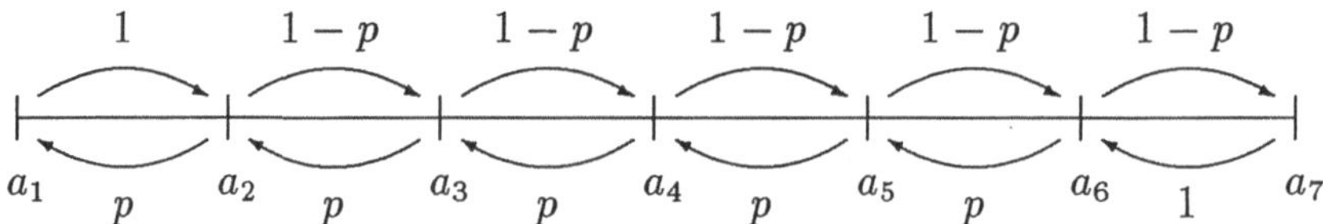

Das Schema zeigt ein Gitter aus sieben Punkten ($n = 7$). Jeder Punkt ist ein möglicher Zustand des Systems. Die Pfeile sind mit Zahlen p und $(1-p), p \in [0,1]$ beschriftet, die angeben, mit welcher Wahrscheinlichkeit der Punkt a_i nach a_{i-1} bzw. a_{i+1} übergeht. Man beobachtet, daß diese Übergangswahrscheinlichkeiten bei den inneren Punkten an jedem Punkt die gleiche Gestalt haben. Die Endpunkte sind reflektierend. Wir haben also:

$$p_{i,j} = \begin{cases} 1 & \text{für} \quad i = 1, j = 2 \\ 1 & \text{für} \quad i = n, j = n-1 \\ p & \text{für} \quad i = j+1, i \neq n \\ 1-p & \text{für} \quad i = j-1, i \neq 1 \\ 0 & \text{sonst.} \end{cases}$$

für $i, j \in [1:n]$.

Beispiel 2: Irrfahrt in einem endlichen Gitter mit absorbierendem Rand.

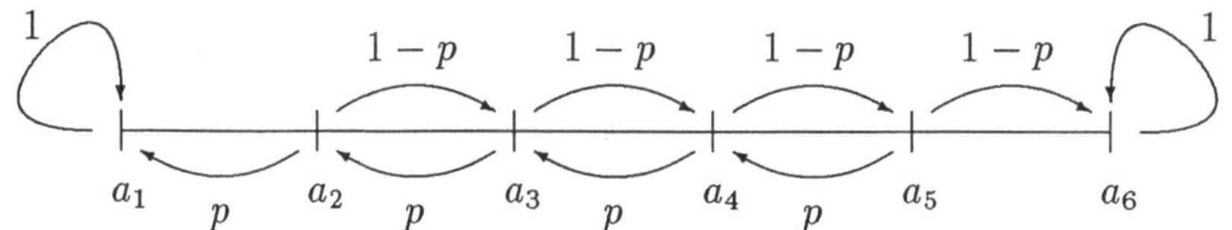

Wir haben also hier für $i, j \in [1:n]$

$$p_{ij} = \begin{cases} 1 & \text{für} \quad i = j = 1 \\ 1 & \text{für} \quad i = j = n \\ p & \text{für} \quad i = j+1, i \neq n \\ 1-p & \text{für} \quad i = j-1, i \neq 1 \\ 0 & \text{sonst.} \end{cases}$$

In beiden Beispielen ist das Schema von der Zeit unabhängig.

Definition 2.2 *Eine Markovkette 1. Ordnung heißt* homogen, *wenn sie zeitunabhängig ist (nicht von t abhängig).*

Homogene Markovketten lassen sich durch eine Matrix

$$\pi = \begin{pmatrix} p_{11} & \dots & p_{1n} \\ \vdots & & \vdots \\ p_{n1} & \cdots & p_{nn} \end{pmatrix}$$

beschreiben. Hierin ist

$$p_{il} = p(a_l|a_i)$$

die Wahrscheinlichkeit dafür, daß a_l auf a_i folgt. Wir fordern also für π

$$0 \leq p_{il} \quad \text{und} \quad \sum_{l=1}^{n} p_{il} = 1.$$

Hierfür schreiben wir auch $\pi \geq 0$ und

$$\pi \cdot \begin{pmatrix} 1 \\ \vdots \\ 1 \end{pmatrix} = \begin{pmatrix} 1 \\ \vdots \\ 1 \end{pmatrix}.$$

Man kann jeden homogenen Markovprozeß durch einen Graph darstellen.

Beispiele:

1)

$$\pi = \begin{pmatrix} 0 & \frac{1}{2} & \frac{1}{2} \\ \frac{1}{2} & 0 & \frac{1}{2} \\ \frac{1}{2} & \frac{1}{2} & 0 \end{pmatrix}$$

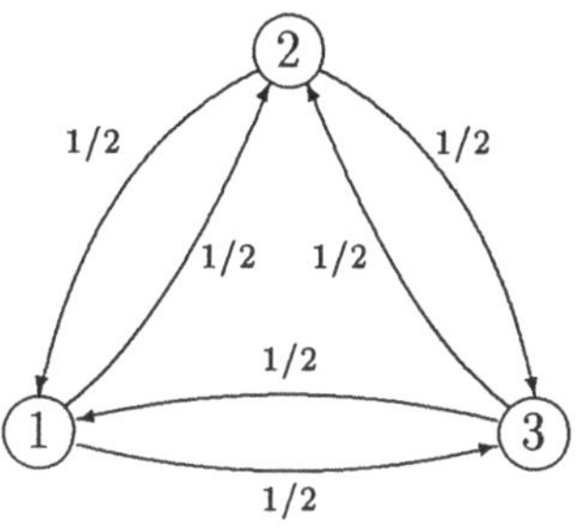

2)

$$\pi = \begin{pmatrix} 0 & 0 & 1 \\ 1 & 0 & 0 \\ 0 & 1 & 0 \end{pmatrix}$$

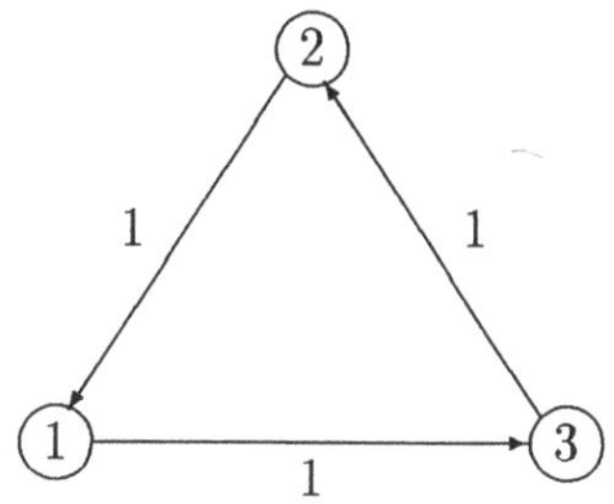

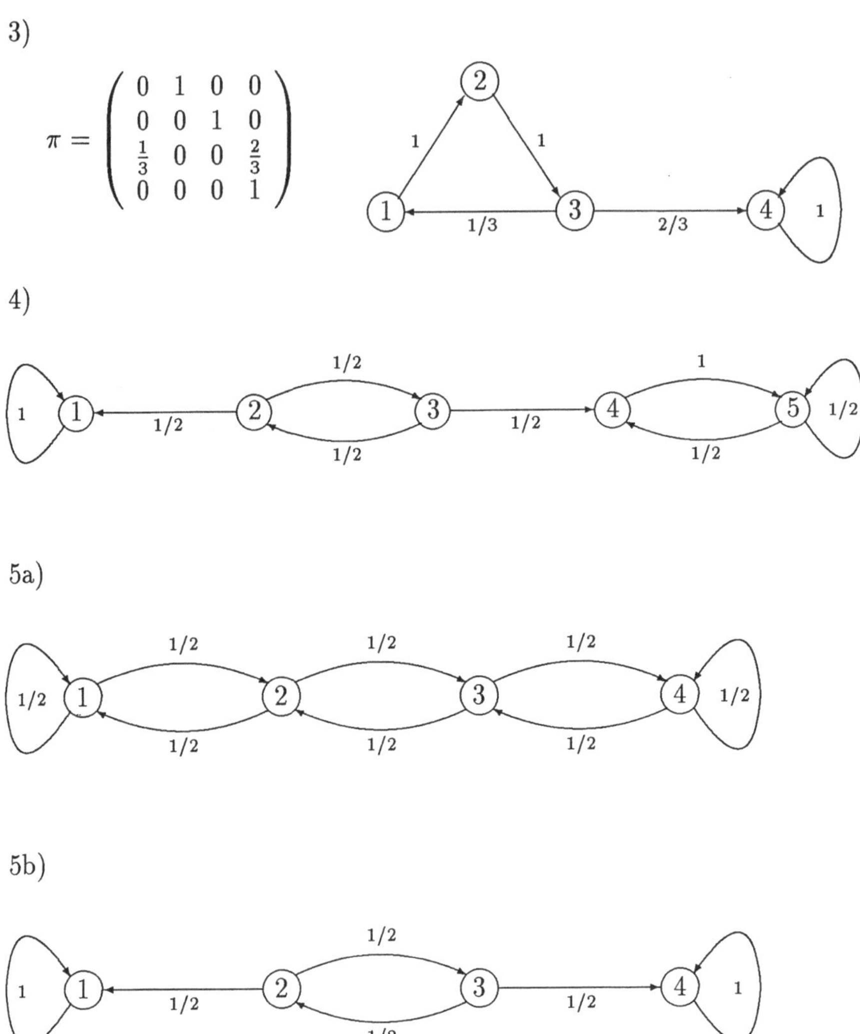

Wir interessieren uns nun für die Wahrscheinlichkeit $p_{ij}(k)$, die den Übergang von $a_i^{(t)}$ nach $a_j^{(t+k)}$ beschreibt. Wegen der Stationarität des Prozesses hängt diese Wahrscheinlichkeit nicht von t ab.

Für $0 < r < k$ haben wir

$$p_{ij}(k) = \sum_{l=1}^{n} p_{il}(r) \cdot p_{lj}(k-r)$$

Setzen wir

$$\pi_k = (p_{il}(k))_{i,l=1,\dots,n},$$

dann können wir

$$\pi_k = \pi_r \cdot \pi_{k-r} \quad \text{für} \quad 0 < r < k$$

schreiben. Speziell gilt

$$\pi_k = \pi_1^k .$$

Für $k = 0$ setzt man

$$\pi_0 = I = \begin{pmatrix} 1 & 0 & \cdots & 0 \\ 0 & 1 & & \vdots \\ \vdots & & \ddots & 0 \\ 0 & \cdots & 0 & 1 \end{pmatrix}, \qquad \text{die } n \times n - \text{Einheitsmatrix} .$$

Wir betrachten die beiden Beispiele 5a) und 5b).

5a) Es gibt ein $\varepsilon > 0$ und ein $N \in \mathbb{N}$, so daß

$$p_{ij}(k) > \varepsilon \quad \text{für} \quad k > N.$$

Das besagt, daß nach N Schritten die Wahrscheinlichkeit für jeden Zustand $> \varepsilon$ ist, daß er angenommen wird.

5b) Hier gibt es zu jedem $\varepsilon > 0$ ein $N(\varepsilon)$, so daß für $j \neq 1, n$ und $k > N(\varepsilon)$

$$p_{ij}(k) < \varepsilon$$

gilt.

Deutung: Nehmen wir an, daß ein Teilchen sich in den Punkten aufhält und mit den beschriebenen Wahrscheinlichkeiten seinen Ort wechselt. Im Fall 5a wird es sich mit einer gewissen positiven Wahrscheinlichkeit überall aufhalten. Im Fall 5b wird es mit Wahrscheinlichkeit 1 in einem der Randpunkte eingefangen werden.

Klassifikation von Zuständen

Definition 2.3 *$a \in A$ heißt* unwesentlich*: $\iff$ Es gelten 1) und 2).*

1) Es gibt $b \in A$ und $k > 0$, so daß $p_{ab}(k) > 0$.

2) Für alle $b \neq a$ und alle $m \in \mathbb{N}$ gilt $p_{ba}(m) = 0$.

Es gibt also Übergänge von a nach b, aber es gibt keinen Übergang von b nach a. In dem Beispiel 5b sind alle Punkte außer den beiden absorbierenden Punkten unwesentlich.

Ein Punkt a heißt *wesentlich*, wenn a nicht unwesentlich ist. Sind a und b wesentlich und gibt es ein $m \in \mathbb{N}$ mit $p_{ab}(m) > 0$, dann gibt es auch $k \in \mathbb{N}$ mit $p_{ba}(k) > 0$.

Zwei Zustände a und b heißen nun *voneinander abhängig*, falls es k und m gibt, so daß $p_{ab}(k) > 0$ und $p_{ba}(m) > 0$ gelten. Wir schreiben in diesem Fall $a \sim b$.

Für wesentliche a gilt $a \sim a$.

Beweis: Gibt es b, k mit $p_{ab}(k) > 0$, dann gibt es auch m mit $p_{ba}(m) > 0$ oder es ist $p_{aa} = 1$. In beiden Fällen geht also a mit einer gewissen Wahrscheinlichkeit in sich über und ist also von sich abhängig.
Wir haben offenbar weiter $a \sim b \Longrightarrow b \sim a$.
Die Relation $\sim$ ist auch transitiv, da aus $a \sim b$ und $b \sim c$ folgt, daß für geeignete m und k

$$p_{ac}(m+k) \geq p_{ab}(m) \cdot p_{bc}(k) > 0$$

gilt.
Wir haben damit gezeigt, daß $\sim$ eine Äquivalenzrelation auf der Menge der wesentlichen Zustände ist.

Satz 2.1 *Gilt für ein $s \in \mathbb{N}$, daß $p_{ab}(s) > 0$ für alle $a, b \in A$, dann existieren die Grenzwerte*

$$p_b = \lim_{k \to \infty} p_{ab}(k)$$

und sind unabhängig von a.

Diskussion des Satzes:
Alle Zustände des Prozesses sind aufgrund der Voraussetzung voneinander unabhängig. Die Eigenschaft genügt aber nicht als Voraussetzung des Satzes, wie das folgende Beispiel zeigt.

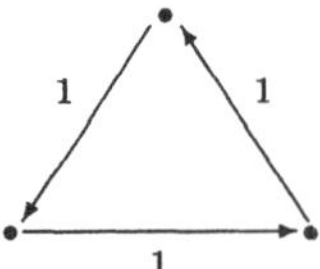

In diesem Beispiel sind alle Zustände paarweise voneinander abhängig, aber der Satz gilt offensichtlich nicht.

Beweis: Der Beweis erfolgt in den drei Schritten:

a) $\overline{p}_b := \lim\limits_{k \to \infty} \min\limits_{a} p_{ab}(k)$ existiert.

b) $\overline{\overline{p}}_b := \lim_{k\to\infty} \max_a p_{ab}(k)$ existiert.

c) $\lim_{k\to\infty} \max_{a,a'} |p_{ab}(k) - p_{a'b}(k)| = 0$.

Aus a),b) und c) folgt dann $\overline{p}_b = \overline{\overline{p}}_b = p_b$, was der Satz behauptet.

Ad a) und b)

Wir haben

$$\begin{aligned} p_{ab}(k) &= \sum_c p_{ac} \cdot p_{cb}(k-1) \geq (\min_c p_{cb}(k-1)) \cdot \sum_c p_{ac} \\ &= \min_c p_{cb}(k-1) \end{aligned}$$

Also haben wir für alle a

$$p_{ab}(k) \geq \min_c p_{cb}(k-1).$$

Hieraus folgt

$$1 \geq \min_c p_{cb}(k) \geq \min_c p_{cb}(k-1)$$

und daraus, daß der Limes $\overline{p}_b$ existiert.
Analog zeigt man die Existenz von $\overline{\overline{p}}_b$.

Ad c):

Für $k > s$ gilt

$$p_{ab}(k) = \sum_c p_{ac}(s) \cdot p_{cb}(k-s)$$

Hieraus folgt

$$p_{ab}(k) - p_{a'b}(k) = \sum_c (p_{ac}(s) - p_{a'c}(s)) \cdot p_{cb}(k-s). \qquad (*)$$

Wir setzen

$$\beta_{aa'}^{(c)} := \begin{cases} p_{ac}(s) - p_{a'c}(s) & \text{falls } \geq 0 \\ 0 & \text{sonst.} \end{cases}$$

Mit dieser Schreibweise haben wir

$$p_{ac}(s) - p_{a'c}(s) = \beta_{aa'}^{(c)} - \beta_{a'a}^{(c)}$$

und wegen $\sum_c p_{ac}(s) = 1$ folgt

$$\sum_c (\beta_{aa'}^{(c)} - \beta_{a'a}^{(c)}) = \sum_c (p_{ac}(s) - p_{a'c}(s)) = 0.$$

Also gilt für

$$h_{aa'} := \sum_c \beta_{aa'}^{(c)}.$$

Es ist klar, daß $h_{aa'} \leq 1$ gilt, aber aufgrund unserer Annahme über s folgt schärfer

$$h_{aa'} < \sum_c p_{ac}(s) = 1 \quad \text{und} \quad h_{aa'} = h_{a'a}\,.$$

Wir setzen

$$h = \max_{a,c} h_{ac}$$

und haben dafür

$$0 \leq h < 1.$$

Setzen wir das in $(*)$ ein, so erhalten wir

$$\begin{aligned} |p_{ab}(k) - p_{a'b}(k)| &= |\sum_c \beta_{aa'}^{(c)} \cdot p_{cb}(k-s) - \sum_c \beta_{a'a}^{(c)} \cdot p_{cb}(k-s)| \\ &\leq |\max_c p_{cb}(k-s) \cdot \sum_c \beta_{aa'}^{(c)} - \min_c p_{cb}(k-s) \cdot \sum_c \beta_{a'a}^{(c)}| \\ &= h_{aa'} \cdot |\max_c p_{cb}(k-s) - \min_c p_{cb}(k-s)| \\ &\leq h \cdot |\max_c p_{cb}(k-s) - \min_c p_{cb}(k-s)|. \end{aligned}$$

Also gilt, da die Abschätzung unabhängig von a, a' ist,

$$\max_{a,a'} |p_{ab}(k) - p_{a'b}(k)| \leq h \cdot \max_{a,a'} |p_{ab}(k-s) - p_{a'b}(k-s)|$$

Nun können wir diese Ungleichung $\lfloor \frac{k}{s} \rfloor$-mal anwenden und erhalten damit

$$\max_{a,a'} |p_{ab}(k) - p_{a'b}(k)| \leq h^{\lfloor \frac{k}{s} \rfloor} \cdot \max_{a,a'} \left| p_{ab}(k - \left\lfloor \frac{k}{s} \right\rfloor s) - p_{a'b}(k - \left\lfloor \frac{k}{s} \right\rfloor s) \right| \leq h^{\lfloor \frac{k}{s} \rfloor}.$$

Für $\lfloor \frac{k}{s} \rfloor \longrightarrow \infty$ erhalten wir also

$$p_{ab}(k) - p_{a'b}(k) \longrightarrow 0$$

für alle $a, a' \in A$.
Also ist $\overline{p}_b = \overline{\overline{p}}_b = p_b$. □

Folgerung:

$$\sum_b p_b = \lim_{k \to \infty} \sum_b p_{ab}(k) = 1$$

Weiter gilt

$$p_b = \sum_a p_a p_{ab}$$

wegen

$$\sum_a p_a p_{ab} = \lim_{k\to\infty} \sum_a p_{ca}(k) \cdot p_{ab} = \lim_{k\to\infty} p_{cb}(k+1) = p_b.$$

Also ist $p : A \longrightarrow [0,1]$ mit $p(b) := p_b$ eine Wahrscheinlichkeitsverteilung und p_{ab} hat den Charaker einer bedingten Wahrscheinlichkeit.

Es stellt sich nun die Frage, ob die durch einen Grenzprozeß gewonnene Verteilung p so mit dem Markovprozeß in Verbindung steht, wie wir das erwarten, nämlich daß p die Frequenz des Auftretens von Elementen in unendlichen Folgen auf die gleiche Weise mißt wie $p_{ab}(k)$ z.B. das Auftreten von b. Hierzu beweisen wir den folgenden Satz.

Satz 2.2 (Übertragung des Satzes von Bernoulli) *Sei π die Matrix eines Markovprozesses und für ein $s \in \mathbb{N}$ gelte $\pi^s > 0$. Die Verteilung p sei die zugehörige Grenzwahrscheinlichkeit.*
Behauptung: *p läßt sich durch Experimente mit hoher Wahrscheinlichkeit recht genau bestimmen.*

Beweis: Die gegebene Quelle ist also ein Markovprozeß und wir stellen die Frage, ob man diesen Prozeß durch Experimente approximativ bestimmen kann. Hierzu benötigen wir die Annahme, daß wir stets wieder in den gleichen Zustand zurückkehren können, um das Experiment häufig durchführen zu können. Das wird uns durch die Voraussetzung $\pi^s > 0$ gewährleistet.

Nun sagt der Satz von Bernoulli, daß es zu jedem $\delta, \varepsilon > 0$ und zu jedem $k \in \mathbb{N}$ und $a, b \in A$ ein $N_{kab}(\delta, \varepsilon) \in \mathbb{N}$ gibt, so daß

$$p\{|\frac{m(b)}{s} - p_{ab}(k)| > \delta\} < \varepsilon \quad \text{für} \quad s > N_{kab}(\delta, \varepsilon);$$

hierin ist s die Anzahl der Experimente und $m(b)$ die Anzahl der Experimente mit dem Resultat b.
Wir setzen

$$N_k(\delta, \varepsilon) = \max_{a,b}\{N_{kab}(\delta, \varepsilon)\}$$

und betrachten

$$|\frac{k_b}{k} - p_b| \leq |\frac{k_b}{k} - p_{ab}(k)| + |p_{ab}(k) - p_b|,$$

worin k_b die Anzahl der b in der Folge der Länge k angibt. Aufgrund des Grenzwertsatzes zur Bestimmung von p gibt es zu $\eta > 0$ ein $N_0(\eta)$, so daß

$$|p_{ab}(k) - p_b| < \frac{\eta}{2} \quad \text{für} \quad k > N_0(\eta).$$

Also haben wir unter gleichen Voraussetzungen

$$|\frac{k_b}{k} - p_b| \le |\frac{k_b}{k} - p_{ab}(k)| + \frac{\eta}{2}.$$

Nun machen wir s Experimente der Länge k. m_j gebe an, wie oft b an der Stelle j der Folgen der Länge k auftritt. $k_b^{(r)}$ gebe an, wie groß k_b in dem r-ten Experiment ist. Wir interessieren uns also für

$$\frac{1}{s}\sum_{r=1}^{s}\frac{k_b^{(r)}}{k} = \frac{1}{s \cdot k}\sum_{r=1}^{s} k_b^{(r)} = \frac{1}{k}\sum_{r=1}^{s}\frac{k_b^{(r)}}{s}.$$

Nun ist

$$\sum_{r=1}^{s} k_b^{(r)} = \sum_{j=1}^{k} m_j$$

Also gilt weiter

$$\frac{1}{s}\sum_{r=1}^{s}\frac{k_b^{(r)}}{k} = \frac{1}{k}\sum_{j=1}^{k}\frac{m_j}{s}$$

und

$$\begin{aligned}
|\frac{1}{s}\sum_{r=1}^{s}\frac{k_b^{(r)}}{k} - p_b| &= |\frac{1}{k}\sum_{j=1}^{k}\frac{m_j}{s} - p_b| \\
&\le \frac{1}{k}\sum_{j=1}^{k}|\frac{m_j}{s} - p_b| \\
&\le \frac{1}{k}\sum_{j=1}^{k}|\frac{m_j}{s} - p_{ab}(j)| + \frac{1}{k}\sum_{j=1}^{k}|p_{ab}(j) - p_b|.
\end{aligned}$$

Wir schätzen die rechte Summe für

$$N(\eta) = \frac{2 \cdot N_0(\eta)}{\eta}$$

durch η ab, indem wir die Summe zerlegen in

$$\sum_{j=1}^{k} = \sum_{j=1}^{N_0(\eta)} + \sum_{N_0(\eta)+1}^{k} \quad \text{für} \quad k > N(\eta).$$

Wir erhalten

$$\begin{aligned}\frac{1}{k}\sum_{j=1}^{k}|p_{ab}(j)-p_b| &\leq \frac{1}{k}\sum_{j=1}^{N_0(\eta)}1+\frac{1}{k}\sum_{s=N_0(\eta)+1}^{k}\frac{\eta}{2}\\ &\leq \frac{N_0(\eta)}{k}+\frac{k}{k}\cdot\frac{\eta}{2}\\ &< \frac{\eta}{2}+\frac{\eta}{2} = \eta\end{aligned}$$

Also haben wir nun für $\eta = \frac{1}{2}\delta$, $\delta' = \delta - \eta$, und $k > N(\eta)$ und $s > N_k(\delta', \varepsilon/k)$

$$\begin{aligned}&p\{|\frac{1}{s}\sum_{r=1}^{s}\frac{k_b^{(r)}}{k}-p_b|>\delta\}\\ \leq\ &p\{\frac{1}{k}\sum_{j=1}^{k}|\frac{m_j}{s}-p_{ab}(j)|+\eta>\delta\}\\ \leq\ &p\{|\frac{m_1}{s}-p_{ab}(1)|>\delta' \quad \text{oder} \ldots \text{oder} \quad |\frac{m_k}{s}-p_{ab}(k)|>\delta'\}\\ \leq\ &\sum_{j=1}^{k}p\{|\frac{m_j}{s}-p_{ab}(j)|>\delta'\} < k\cdot\frac{\varepsilon}{k} = \varepsilon\,.\end{aligned}$$

□

Resultat: Wir können unter den oben formulierten Voraussetzungen p_b durch fortlaufende Experimente beginnend in irgendeinen Zustand a mit hoher Wahrscheinlichkeit durch $\frac{k_b}{k}$ approximieren.

Bemerkung: Ersetzt man die von uns verwendete Definition für p_b durch

$$p_b = \lim_{k\to\infty}\frac{1}{k}\sum_{j=1}^{k}p_{ab}(j),$$

dann erfaßt man allgemeinere Markovprozesse, für die der eben bewiesene Satz auch gilt. Markovprozesse, für die dieser Limes unabhängig von a existiert, heißen *ergodisch.*

2.3 Entropie von Markovprozessen

Sei π die Matrix eines stationären Markovprozesses, und der Limes

$$p_{ab}(k) \longrightarrow p_b \qquad (k\to\infty)$$

existiere und sei unabhängig von a für alle $a \in A$.
Wir definieren

$$H_a = -\sum_{b\in A} p_{ab} \log p_{ab}$$

und bezeichnen

$$H(A) = \sum_{a\in A} p_a \cdot H_a$$

als *Entropie* der Markovquelle (A, π).
Nun kann man entsprechend

$$H_a^{(r)} = -\sum_{b\in A^r} p_{ab} \cdot \log p_{ab}$$

und

$$H^{(r)} = \sum_{a\in A} p_a \cdot H_a^{(r)}$$

setzen.
Bei einer vernünftigen Definition sollte unter Voraussetzung der Ergodizität

$$H^{(r+s)} = H^{(r)} + H^{(s)}$$

oder

$$H^{(r)} = r \cdot H$$

gelten.

Lemma 2.1 *Existieren die Grenzwerte*

$$p_b = \lim_{k\to\infty} p_{ab}(k)$$

für alle $a \in A$ und sind sie von a unabhängig, dann gilt

$$H^{(r+s)} = H^{(r)} + H^{(s)}.$$

Beweis: Wir verwenden die Identität

$$H(A \cdot B) = H(A) + H_A(B)$$

indem wir

$$B = \begin{pmatrix} a(a_1, \ldots, a_r) \\ p_{a(a_1,\ldots,a_r)} \end{pmatrix}$$

mit

$$p_{a(a_1,\ldots,a_r)} = p_a \cdot p_{a,a_1} \cdot p_{a_1a_2} \cdot, \ldots, \cdot p_{a_{r-1}a_r}$$

setzen und erhalten

$$H_a^{(r+1)} = H_a + \sum_{b \in A^r} p_{ab} H_b^{(r)}$$

und weiter

$$\begin{aligned} H^{(r+1)} &= \sum_{a \in A} p_a H_a^{(r+1)} = \sum_{a \in A} p_a H_a + \sum_{a} \sum_{b \in A^r} p_a p_{ab} H_b^{(r)} \\ &= H^{(1)} + \sum_{b} (\sum_{a} p_a p_{ab}) H_b^{(r)} = H^{(1)} + \sum_{b} p_b H_b^{(r)} \\ &= H^{(1)} + H^{(r)}. \end{aligned}$$

Hieraus folgt unmittelbar die Behauptung. □

2.4 Das Kodierungstheorem für Markovprozesse

Wir führen die Kodierung von Markovquellen auf die Kodierung von gedächtnislosen Quellen zurück. Hierzu betrachten wir die zu jedem Zustand a gehörige Verteilung $p_a(b) := p_{ab}$ für $a, b \in A$. Die Entropie dieser Verteilung ist $H_a(A)$. Das Kodierungstheorem im gedächtnislosen Fall liefert uns einen präfixfreien Kode

$$c_a : A \longrightarrow \{0,1\}^*$$

mit

$$H_a(A) \leq E(A, c_a) < H_a(A) + 1.$$

$\mathcal{B}_a$ sei der zu a und c_a gehörige Baum; die Blätter dieses Baumes tragen als Markierung je ein Element von A. Die Markierung des Weges von der Wurzel zu dem jeweiligen Element b ist gerade $c_a(b)$.

Nun verheften wir die Bäume $\mathcal{B}_a$, indem wir die Blätter mit gleicher Markierung b identifizieren. Hierdurch erhalten wir einen Graph. Wir ergänzen diesen Graph durch unmarkierte Kanten s_a, deren Anfangspunkt der mit a markierte Knoten des Graphen ist und deren Endpunkt die Wurzel des Baumes $\mathcal{B}_a$ ist. Die Kante s_a wird mit dem leeren Wort ε markiert. Das tun wir für alle $a \in A$. Der so erhaltene Graph wird durch $G(A)$ bezeichnet.

Einen Zustand $a_0 \in A$ zeichnen wir als Anfangszustand von $G(A)$ aus. $(G(A), a_0)$ bezeichnen wir als einen zu A gehörigen *Kodegraph* mit Wurzel a_0. Die Folge $a_1, \ldots, a_t$ kodieren wir wie folgt: Wir suchen in Baum $\mathcal{B}_{a_0}$ den Weg w_1 von der Wurzel von $\mathcal{B}_{a_0}$ zu dem Blatt a_1. Dieser Weg ist eindeutig bestimmt. Nun gehen wir über die Kante s_{a_1} zur Wurzel von $\mathcal{B}_{a_1}$. In $\mathcal{B}_{a_1}$ ermitteln wir den eindeutig bestimmten Weg zu dem Blatt a_2. usw. Wir erhalten auf diese Weise einen eindeutig bestimmten Weg w

$$w = w_1 s_{a_1} w_2 s_{a_2} \dots w_t$$

von der Wurzel a_0 von $\mathcal{B}_{a_0}$ des Graphen über die Blätter $a_1, \dots, a_t$. Die Beschriftung von w erhalten wir durch

$$c(a_1, \dots, a_t) = c_{a_0}(a_1) c_{a_1}(a_2) \dots c_{a_{t-1}}(a_t).$$

Offensichtlich gilt für die Länge

$$|c(a_1, \dots, a_t)| = |c_{a_0}(a_1)| + \dots + |c_{a_{t-1}}(a_t)|.$$

Die Übertragung der Nachricht $a_1, \dots, a_t$ erfolgt in der Kodierung $c(a_1, \dots, a_t)$. Von dem Empfänger nehmen wir an, daß er in Besitz des Kodegraphen $(G(A), a_0)$ ist. Er dekodiert $c(a_1, \dots, a_t)$, indem er den Weg w bestimmt, der die Markierung $c(a_1, \dots, a_t)$ trägt. w läßt sich leicht bestimmen, da die Alphabetelemente, in denen $c(a_1, \dots, a_t)$ notiert ist, auf dem Weg als *Wegweiser* stehen. Nun gibt der Dekoder die Blätter, die er überquert, in dieser Reihenfolge aus. So erhält der Empfänger die Nachricht $a_1, \dots, a_t$.

Die Kodierung mag nicht leicht berechenbar sein, da die Kodebäume i.a. keine Suchbäume sind. Die Dekodierung dagegen ist einfach.

Wir schätzen die mittlere Kodelänge $E(c,t)$ wie folgt ab:

$$\begin{aligned}
E(c,t) &= \sum_{\alpha \in A^t} p_{a_0 a_1} p_{a_1 a_2} \dots p_{a_{t-1} a_t} \cdot |c(a_1, \dots, a_t)| \\
&= \sum_{j=1}^{t} \sum_{\alpha \in A^t} p_{a_0 a_1} \dots p_{a_{t-1} a_t} \cdot |c_{a_{j-1}}(a_j)| \\
&= \sum_{j=1}^{t} \sum_{a_{j-1}, a_j} p_{a_0 a_{j-1}}(j-1) \cdot p_{a_{j-1} a_j} \cdot |c_{a_{j-1}}(a_j)| \\
&= \sum_{j=1}^{t} \sum_{a, a'} p_{a_0 a}(j-1) p_{a a'} |c_a(a')| \\
&= \sum_{a} \Big(\sum_{j=1}^{t} p_{a_0 a}(j-1)\Big) \cdot \sum_{a'} p_{a a'} \cdot |c_a(a')|.
\end{aligned}$$

Hierin ist $p_{ab}(0) = 1$ für $a = b$ und $p_{ab}(0) = 0$ für $a \neq b$, und $\alpha = (a_1, \dots, a_t)$. Wir interessieren uns nun für die mittlere Kodelänge pro Zeichen $a \in A$ und setzen deshalb

$$\begin{aligned}
\frac{1}{t} \cdot E(c,t) &= \sum_a \Big(\frac{1}{t}\sum_{j=1}^{t} p_{a_0 a}(j-1)\Big) \cdot \sum_{a'} p_{aa'} \cdot |c_a(a')| \\
&< \sum_a \Big(\frac{1}{t}\sum_{j=1}^{t} p_{a_0 a}(j-1)\Big) \cdot (H_a + 1) \\
&= \sum_a \frac{1}{t}\Big(\sum_{j=1}^{t} p_{a_0 a}(j-1)\Big) \cdot H_a + 1.
\end{aligned}$$

Ist der Markovprozeß *ergodisch*, dann gilt definitionsgemäß

$$\lim_{t\to\infty} \frac{1}{t} \sum_{j=1}^{t} p_{a_0 a}(j-1) = p_a$$

und zwar unabhängig von a_0. Somit haben wir das

Lemma 2.2 *Ist (A, π) ein ergodischer Markovprozeß, dann gilt für unseren Kode*

$$\lim_{t\to\infty} \frac{1}{t} E(c,t) \leq H + 1$$

Wir verschärfen das Lemma, indem wir anstelle von $p_{aa'}$ die Verteilung $p_{a(a_1 \ldots a_r)}$ betrachten und erhalten

$$\lim_{t\to\infty} \frac{1}{t \cdot r} E(c, t\cdot r) \leq \frac{1}{r} H^{(r)} + \frac{1}{r} = H + \frac{1}{r}.$$

Damit haben wir den folgenden Satz bewiesen.

Satz 2.3 *Ist (A, π) ein ergodischer Markovprozeß, dann gibt es zu vorgegebenem $\varepsilon > 0$ einen Kode $c^r : A^r \longrightarrow \{0,1\}^*$ mit*

$$\lim_{t\to\infty} \frac{1}{t \cdot r} E(c^{(r)}, t \cdot r) < H + \varepsilon.$$

In Worten: Man kann durch eine geeignete Kodierung ergodische Markovquellen so komprimieren, daß die mittlere Kodelänge pro Zeichen die Entropie H auf jede vorgegebene Genauigkeit approximiert.

Es bleibt zu zeigen, daß H eine untere Schranke für asymptotisch optimale Kodierungen ist. Hierzu müssen wir zunächst einmal definieren, welche Kodierungen betrachtet werden. Im Falle gedächtnisloser Quellen spielte es keine Rolle, mit welchem Element eine Folge beginnt. Weiter haben wir im Kodierungstheorem im gedächtnisfreien Fall vorausgesetzt, daß der fortlaufend erzeugte Datenstrom durch präfixfreie Kodes erzeugt wird, was eine Garantie für die sequentielle Dekodierbarkeit darstellt. Der Kode, den wir gerade zur Kodierung der Markovquelle verwendet haben, ist i.a. nicht präfixfrei. Aus diesem Grund lassen wir allgemeinere Kodierungen zu. Wir nehmen nun an, daß die Kodierung durch eine universelle Turingmaschine oder eine dazu äquivalente Maschine vorgenommen wird. Diese Maschine erhält als Eingabe die durch die Quelle erzeugte Folge $a_1, \ldots, a_t, \ldots$. Die Maschine erzeugt mit einer gewissen Verzögerung als Ausgabe den Kode $c = s_1, s_2, \ldots, s_{t'}, \ldots$. Dieser Kode wird übertragen und dient einer entsprechenden Maschine zur Erzeugung der Ausgabefolge $a_1, \ldots, a_t, \ldots$ am Ort des Empfängers. Wir verlangen, daß der ganze Prozeß mit einer Verzögerung abläuft, die durch $const. \cdot t$ beschränkt ist. Dabei soll die Konstante *const.* weder von der Teilfolge selbst, noch von ihrer Länge t abhängen. Nun führen wir die Übertragung für alle Folgen $\alpha = (a_1, \ldots, a_t)$ durch. Das ist natürlich ein Gedankenexperiment, da wir unsere Quelle ja nicht ohne weiteres in den Anfangszustand zurücksetzen können. Die Annahme der Ergodizität erlaubt uns das aber, da sie bewirkt, daß der Anfangszustand mit Wahrscheinlichkeit 1 immer wieder auftritt. Nun sei t_α der kleinste Index, so daß α aus dem Präfix $(s_1, \ldots, s_{t_\alpha})$ der Kodefolge zurückgewonnen werden kann. Unsere Annahme über den Kode garantiert uns $t_\alpha \leq const. \cdot t$ für alle $\alpha \in A^t$. Damit erhalten wir in Gestalt der Folgen $(s_1, \ldots, s_{t_\alpha})$ einen Kode für A^t. Wir bezeichnen diesen Kode mit C_t. Setzen wir $p^{(t)}(\alpha) = p_{a_1\alpha}$, dann gilt asymptotisch aufgrund unseres Kodierungstheorems für injektive Abbildungen (Seite 32)

$$H(A^t, p^{(t)}) \leq E(C_t).$$

Nun gilt

$$\begin{aligned} H(A^t, p^{(t)}) &= H(A, p) + \sum_{a_1} p_{a_1} H_{a_1}^{(t-1)}(A, \pi) \\ &= H(A, p) + (t-1) \cdot H(A, \pi). \end{aligned}$$

Hierin ist p die asymptotische Verteilung über der ergodischen Quelle A. Also haben wir

$$\frac{H(A,p) - H(A,\pi)}{t} + H(A,\pi) \leq \frac{1}{t} E(C_t).$$

Hieraus folgt

$$H(A,\pi) \leq \lim_{t \to \infty} \frac{1}{t} E(C_t).$$

Ersetzen wir den Kode C_t durch den Kode $C'_t = C_t\$$, wo \$ ein Trennzeichen ist, dann ist C'_t präfixfrei. Wir haben damit $C'_t = C_t + 1$. Verwenden wir eine Maschine, die C'_t gebraucht anstelle von C_t, dann erhalten wir für $t' = r \cdot t$

$$\frac{H(A,p) - H(A,\pi)}{t \cdot r} + H(A,\pi) \leq \frac{1}{t \cdot r} E(C'_{t \cdot r}) = \frac{1}{t} E(C_t) + \frac{1}{t \cdot r}$$

d.h.

$$\frac{1}{r} \cdot \left(\frac{H(A,p) - H(A,\pi)}{t} - \frac{1}{t} \right) + H(A,\pi) \leq \frac{1}{t} E(C_t)$$

für $r \to \infty$ erhalten wir daraus

$$H(A,\pi) \leq \frac{1}{t} E(C_t).$$

Nun ergibt sich der durch unsere Maschine berechnete unendliche Kode C_∞ als Limes von C_t für $t \to \infty$. Für die mittlere Kodelänge $E_0(C_\infty)$ pro Zeichen ergibt sich also

$$H(A,\pi) \leq E_0(C_\infty).$$

Damit haben wir den folgenden Satz bewiesen.

Satz 2.4 *Der auf Grundlage der Kodegraphen konstruierte Kode C ist für ergodische Markovquellen hinsichtlich seiner mittleren Kodelänge pro Zeichen asymptotisch optimal. Das Optimum ist die Entropie $H(A,\pi)$ der Quelle (A,π). Darüberhinaus ist $H(A,\pi)$ eine asymptotische untere Schranke für die mittlere Länge $\frac{1}{t}E(C_t)$ eines endlichen Kodes C_t.*

2.5 Suchgraphen

Wir betrachten nun wieder den Fall, daß auf A eine Ordnung $' < '$ gegeben ist und Kodierungen, die diese Ordnung respektieren. Die Übertragung der für Bäume entwickelten Konzepte auf die Graphen ist offensichtlich. Man konstruiert zu jedem $a \in A$ und der Verteilung p_{a-} den Suchbaum $\mathcal{B}_a$ und verheftet anschließend die Blätter der Suchbäume, wie wir das im vorigen Abschnitt beschrieben haben. Damit ist man in der Lage, zu Suchquellen (A,π) einen Suchgraphen aufzubauen, der eine mittlere Suchzeit E gewährleistet, die *asymptotisch* durch

$$H(A) \leq E < H(A) + 2$$

abgeschätzt werden kann. Der Beweis ergibt sich durch die Übertragung der Resultate über Suchbäume nach Vorbild von Abschnitt 3.

Auch die *dynamische Anpassung* von Suchbäumen an gedächtnislose Quellen bei unbekannter Verteilung läßt sich auf Markovquellen übertragen. Man paßt eben den jeweiligen Baum $\mathcal{B}_b$ an, indem man das Element a lokalisiert hat, durch Rotation von a zur Wurzel von $\mathcal{B}_b$ an. Das geschieht, ohne daß ein anderer Baum von $G(A)$ hierdurch betroffen wird.

Es bleibt die *Neuaufnahme von Elementen* in $G(A)$ zu diskutieren. Wir betrachten also die Situation, daß wir in $\mathcal{B}_b$ nach einem Element a suchen, das sich als nicht vorhanden erweist. In diesem Fall ist es auch in dem aktuellen Suchgraphen nicht vorhanden. Das Element muß also in jedem der Suchbäume verankert werden. Das kann geschehen, indem man in jedem der Suchbäume die Suche nach a startet und a nach dem für Bäume beschriebenen Verfahren anheftet. Das ist natürlich ein sehr aufwendiges Verfahren. Das Verfahren wird effizient, wenn wir von vornherein in den Suchbäumen, wie wir das im Abschnitt 1.4.2 für unvollständige Suchbäume beschrieben haben, die nicht besetzten Intervalle als Knoten mitführen. Nach diesem Vorbild nehmen wir also die Intervalle als Knoten mit in den Suchgraphen auf. Damit findet durch die Lokalisation von a in einem Intervall und in der Auflösung des Intervalles in mehrere Knoten die Einbindung von a in alle Bäume simultan statt.

Die Resultate über *mittlere Suchzeiten*, die wir über den Fall der Bäume gewonnen haben, lassen sich wieder unmittelbar übertragen, da sich ja die mittlere Suchzeit in dem Graph als mit den Wahrscheinlichkeiten für die Verwendung von $\mathcal{B}_a$ gewichtete Summe der Suchzeiten in den Bäumen ergibt. Wir haben das allerdings mit einem hohen Aufwand zu bezahlen.

2.6 ε-Zerlegungen von Markovquellen

Wir interessieren uns hier für Markovquellen (A, π), deren Matrizen fast *zerfallen.* Wir betrachten zur Erläuterung die Matrix

$$\pi = \begin{pmatrix} \pi_1 & 0 & \cdots & 0 \\ 0 & \pi_2 & \ddots & \vdots \\ \vdots & \ddots & \ddots & 0 \\ 0 & \cdots & 0 & \pi_k \end{pmatrix},$$

worin die π_i selbst Markovquellen beschreiben. Die Quelle A zerfällt also in k unabhängige Quellen (A_i, π_i) mit $A = A_1 \cup \ldots \cup A_k$ und $A_i \cap A_j = \emptyset$ für $i \neq j$. Der Suchgraph $G(A)$ besteht in diesem Fall aus k paarweise nicht zusammenhängender Suchgraphen $G(A_i)$. Natürlich besitzen solche Suchgraphen kein theoretisches Interesse. Anders liegt der Fall, wenn sich $G(A)$ fast

in dieser Weise zerlegen läßt, nämlich dann, wenn $G(A)$ in k Komponenten $G(A_1), \ldots, G(A_k)$ zerlegt werden kann, die nur durch Kanten verbunden sind, die sehr selten betreten werden. Ein praktisches Beispiel ist ein Wörterbuch, das von mehreren Sprachen, sagen wir vom Dänischen, Englischen, Französischen, Italienischen und Russischen ins Deutsche verweist. In diesem Fall wird ein Benutzer, der gerade ein russisches Wort nachgeschlagen hat, mit hoher Wahrscheinlichkeit auch das nächste Mal ein russisches Wort nachschlagen, wenn er z.B. einen russischen Text liest.
Diese Vorstellung nehmen wir zum Anlaß für die folgende Definition.

Definition 2.4 *Ist $\varepsilon > 0$ und $A = A_1 \cup \ldots \cup A_k$ eine Zerlegung von A mit $A_i \neq \emptyset, A_i \cap A_j = \emptyset$ für $i \neq j$, so sprechen wir von einer ε-Zerlegung der ergodischen Markovquelle (A, π), falls*

$$p_{ab} \leq \frac{\varepsilon}{n}$$

gilt, für $a \in A_i$ und $b \in A - A_i$ für $i = 1, \ldots, k$ und $n = \#A$.

Wir setzen für $A' \subset A$

$$p_a(A') = \sum_{b \in A'} p_{ab}$$

und

$$p_{A'}(b) = \sum_{a \in A'} p_a \cdot p_{ab}.$$

Hierin bezeichnet p_a wie früher die Grenzwahrscheinlichkeit für das Auftreten von a.
Damit haben wir für die Wahrscheinlichkeit eines Überganges von A_i in $A - A_i$ bei ε-Zerlegungen

$$P_{A_i}(A - A_i) \leq \sum_{a \in A_i} p_a(n - n_i)\frac{\varepsilon}{n} < p_{A_i} \cdot \varepsilon < \varepsilon, \quad \text{wobei} \quad n_i = \#A_i.$$

Die Wahrscheinlichkeit dafür, daß überhaupt ein Wechsel von einer ε-Komponente in eine andere stattfindet, ist damit also $< \varepsilon$.

Wir wollen nun den seltenen Übergang von einer ε-Komponente in eine andere ausnutzen, um die Größe des Suchgraphen zu reduzieren. Das tun wir, indem wir zu jedem A_i einen *Standardeingang* schaffen. Wir zeichnen also in jedem A_i ein Element $a^{(i)} \in A_i$ aus und leiten jeden Sprung, der aus einem $A_j (j \neq i)$ auf $b \in A_i$ zielt nach $a^{(i)}$. Das führt eventuell zu einem Verlust der Suchzeit, da wir die in A_j bereits aufgewendete Suchzeit für b verschenken und eine neue Suche in $\mathcal{B}_{a(i)}$ starten; zudem wird die Suchzeit in $\mathcal{B}_{a(i)}$ im Vergleich zu dem Baum, in dem wir die Suche bereits gestartet hatten, eventuell länger dauern. Da dieses Ereignis aber selten eintritt (mit Wahrscheinlichkeit $< \varepsilon$), können wir uns diese *Verschwendung* leisten.

Der Suchgraph $\tilde{G}$, den wir nun zu (A, π) konstruieren, ergibt sich aus $G(A)$ also wie folgt: Ist s Kante eines Suchbaumes $\mathcal{B}_a$ mit $a \in A_i$, deren nachfolgende Blätter alle in A_j liegen, dann legen wir die Kante s so um, daß ihr Endpunkt nun der Wurzelknoten von $\mathcal{B}_{a(j)}$ ist. Die in dem ursprünglichen Baum auf s folgenden Kanten werden alle gelöscht. Die Gesamtsuchzeit erhöht sich dadurch schlimmstenfalls um die Zeit $\varepsilon \cdot n$.

Ist also $A = A_1 \cup \ldots \cup A_k$ eine ε-Zerlegung mit $\varepsilon = \log n^{-1}$, dann erhöht sich die mittlere Suchzeit in $\tilde{G}(A)$ im Vergleich zur Suchzeit in $G(A)$ höchstens um 1.

Die Einsparung der Anzahl der Kanten ergibt sich aus folgender Überlegung: Die Suchbäume mit Wurzel a in A_i haben $\#A_i + (k-1)$ Blätter und da der Verzweigungsgrad in Suchbäumen stets gleich 2 oder 0 ist, haben wir in jedem Suchbaum $2 \cdot (n_i + k - 2)$ Kanten, wenn $n_i = \#A_i$ ist. Für die Anzahl $\tilde{K}$ der Kanten in $\tilde{G}$ erhalten wir also

$$\begin{aligned} \tilde{K} &= 2 \cdot \sum_{i=1}^{k} (n_i + k - 2) \cdot n_i \\ &= 2 \cdot \sum_{i=1}^{k} n_i^2 + 2(k-2) \sum_{i=k}^{k} n_i \\ &= 2 \cdot \sum_{i=1}^{k} n_i^2 + 2 \cdot (k-2) \cdot n. \end{aligned}$$

Haben wir $k = \sqrt{n}$ und $n_i = \sqrt{n}$ für alle i, dann liegt der günstigste Fall vor:

$$\begin{aligned} \tilde{K} &= 2 \cdot \sqrt{n} \cdot n + 2(\sqrt{n} - 2) \cdot n \\ &= 4 \cdot n \cdot \sqrt{n} - 4n. \end{aligned}$$

Die Größe von $\tilde{G}$ reduziert sich in diesem Fall um etwa den Faktor $\sqrt{n}$.

2.7 ε-Überdeckungen von Markovprozessen

Wir betrachten eine zweite Methode, den Suchgraph zu reduzieren. Hierzu definieren wir auf A den Abstand

$$|a-b| := \max_{x \in A} |p_{ax} - p_{bx}|$$

und setzen

$$\|c\| = \max_{x \in A} |c(x)|.$$

Damit erhalten wir für

$$\begin{aligned} E_a &= \sum_{x \in A} p_{ax} |c(x)| \\ |E_a - E_b| &\leq \sum |p_{ax} - p_{bx}| \cdot |c(x)| \\ &\leq |a-b| \cdot \|c\|. \end{aligned}$$

Ist $A' \subset A$ und $h : A \longrightarrow A'$ eine Projektion (d.h. $h(a') = a'$ für $a' \in A'$), dann bezeichnen wir (A, h) als *ε-Überdeckung* von A, wenn für alle $a, b \in A$ aus $h(a) = h(b)$ folgt, daß $|a-b| < \varepsilon$ ist.

Offensichtlich gilt für $|a-b| < \varepsilon$

$$|E_a - E_b| < \varepsilon \cdot \|c\|.$$

Wir wählen zu jedem $a' \in A'$ einen optimalen Suchbaum $\mathcal{B}'_a$ und konstruieren $G(A')$ wie folgt: Wir identifizieren die zu $a \in A$ gehörigen Blätter der Suchbäume $\mathcal{B}_{a'}, a' \in A'$. Danach ziehen wir von jedem Knoten a eine Kante $s_{aa'}$ zu der Wurzel des Baumes $\mathcal{B}_{a'}, a' = h(a)$.

Wir vergleichen die mittlere Suchzeit E in $G(A)$ mit der mittleren Suchzeit E' in $G(A')$: Wir finden

$$\begin{aligned} |E - E'| &\leq \sum_{a \in A} p_a \cdot |E_a - E_{h(a)}| \\ &< \varepsilon \cdot \sum_{a \in A} p_a \cdot \|c_{h(a)}\| \\ &= \varepsilon \cdot \sum_{a' \in A'} p(h^{-1}(a')) \cdot \|c_{a'}\|. \end{aligned}$$

Ist

$$\varepsilon < \Big(\sum_{a' \in A'} p(h^{-1}(a')) \cdot \|c_{a'}\| \Big)^{-1}$$

dann ist

$$|E - E'| < \varepsilon.$$

Nun muß man die Einsparung $\#A'/\#A$ in Beziehung setzen zu dem durch ε beschränkten Verlust an mittlerer Suchzeit, wenn man $G(A)$ durch $G(A')$ ersetzt.

Es stellt sich hier das *Problem*, gute ε-Überlegungen von (A, π) zu berechnen. Interessant mag man vielleicht die Frage finden, wie gut sich $|E - E'|$ abschätzen läßt, wenn man die Auswahl von A' durch eine Schranke $\#A' \leq \sqrt{\#A}$ oder $\#A' \leq \log(\#A)$ oder $\#A' \leq \frac{1}{m}\#A$ mit festem $m \in \mathbb{N}$ beschränkt. $|E - E'|$ kann natürlich auch dadurch klein werden, daß $p(h^{-1}(a'))$ klein wird. Es stellen sich hier also eine Reihe interessanter Fragen, insbesondere dann, wenn man nur weiß, daß es sich bei der Quelle um einen Markovprozeß handelt, der eventuell auch ausgeartet, d.h. gedächtnislos ist.

2.8 Sortieren und andere Anwendungen

2.8.1 Sortieren

Kennt man die Markovquelle (A, π), dann kann man einen Suchgraphen $G(A)$ aus optimalen Suchbäumen konstruieren und ihn als Basis für einen Sortieralgorithmus verwenden, so wie wir das mit Bäumen bei gedächtnislosen Quellen getan haben. Ist $a_1, \ldots, a_t$ eine durch (A, π) erzeugte Folge, die zu sortieren ist, dann lokalisieren wir die Elemente a_i der Reihe nach in dem Suchgraphen. In den Blattknoten zählen wir die Anzahl der Bereiche, so daß nach Beendigung der Eingabe in dem Blattknoten a vermerkt ist, wie oft er in der Folge $a_1, \ldots, a_t$ vorkommt. Das erfordert im Mittel höchstens $t \cdot (H(A) + 3)$ Schritte. Nun geben wir die Elemente $a \in A$ in ihrer vorgegebenen Ordnung aus und zwar in der Multiplizität, die in dem jeweiligen Knoten verzeichnet ist. Das erfordert $2n$ Besuche von Knoten eines für die Ausgabe ausgewählten Baumes und t Zählschritte, um alle Zähler wieder auf 0 zu bringen. Also haben wir den

Satz 2.5 *Ist (A, π) eine Markovquelle und $G(A)$ der zugehörige Suchgraph aus optimalen Suchbäumen, dann gilt für die mittlere Sortierzeit $E(A, \pi, t)$ auf Basis von $G(A)$*

$$E(A, \pi, t) < t \cdot (H(A) + c_0) + 2n,$$

worin c_0 eine von t unabhängige (kleine) Konstante und n die Anzahl der Elemente von A ist.

Die Übertragung der Resultate, die wir für das Sortieren im Falle gedächtnisloser Quellen mit unbekannter Verteilung erzielt haben, folgt dem gleichen Schema. Hierbei stellt sich aber das Problem, das Sortierverfahren im Falle ausgearteter Markovquellen, wie z.B. gedächtnisloser Quellen, nicht durch den Aufbau einer unnötig großen Datenstruktur zu belasten. Wie man dieses Problem der *dynamischen Anpassung* effizient lösen kann, ist noch offen.

2.8.2 Andere Anwendungen

Auch bei geometrischen Problemen ist es sinnvoll, anstelle von unabhängigen Verteilungen Markovprozesse zu betrachten. Beobachten wir durch ein sich bewegendes Fenster ein Haus, dann ist die Wahrscheinlichkeit, ein zweites Haus in der Nähe zu beobachten, durch die erste Beobachtung erhöht, und auch ein Schaf findet sich selten allein. Wir erläutern diese Idee etwas ausführlicher an einem Beispiel aus dem Bereich „Beobachtung des Straßenverkehrs".

Wir beobachten den Straßenverkehr durch ein Fenster, wie es z.B. ein Fernsehbildschirm repräsentiert. Wir interessieren uns für die Frage, welche Kapazität ein Übertragungssystem zur Verfügung stellen muß, um den Verkehr auf einer Landstraße zu übertragen. Dazu modellieren wir den Verkehr auf einer Straße in stark vereinfachter Form durch einen Markovprozeß.

Die Straße habe zwei Fahrspuren, für jede der beiden Richtungen eine. Die Mittellinie der Straße ist durch eine gestrichelte Linie gekennzeichnet, so daß Überholvorgänge erlaubt sind.

Das Fenster legt über die Straße eine Rasterung, die die sichtbare Fahrbahn in k Abschnitte einer festen Länge unterteilt. Ein Fahrzeug befindet sich in unserem Modell stets in einem solchen Abschnitt, entweder auf der einen oder auf der anderen Spur. Befinden sich zwei Fahrzeuge im gleichen Abschnitt auf der gleichen Spur, dann interpretieren wir das als „Unfall". Wir ordnen der Straße eine Richtung „+" zu, die mit der aufsteigenden Nummerierung der Abschnitte übereinstimmt. Die Autos beschränken wir auf fünf mögliche Geschwindigkeiten v:

$$v \in [-2:2].$$

Ist v negativ, dann fährt das Auto in Richtung „-". Ist v positiv, fährt es in „+"-Richtung. Ist $v = 0$, dann hält es an.

Die Belegung der Straße durch Fahrzeuge repräsentieren wir durch eine Matrix

$$F : [1:k] \times [0:1] \longrightarrow ([-2:2] \cup \{\emptyset, \$\}).$$

$F(i,j)$ gibt den Zustand des Verkehrs in Feld i auf Spur j an. Ist $F(i,j) = \emptyset$, ist das Feld frei von Fahrzeugen, ist $F(i,j) \in [-2:2]$, dann befindet sich auf Feld (i, j) ein Fahrzeug mit Geschwindigkeit $F(i, j)$. Ist $F(i, j) = \$$, dann haben wir mindestens zwei Fahrzeuge auf dem Feld (i, j).

Den Fahrzeugverkehr modellieren wir nun durch einen Markovprozeß. Wir setzen dazu

$$A = \{F | F : [1 : k] \times [0 : 1] \longrightarrow [2 : 2] \cup \{\emptyset, \$\}\}$$

und definieren nun eine Matrix π, die die Übergangswahrscheinlichkeit $F \longrightarrow F'$ beschreibt. Also

$$\pi = (p_{F,F'})_{F,F' \in A},$$

$$\sum_{F'} p_{F,F'} = 1, \quad p_{F,F'} \geq 0.$$

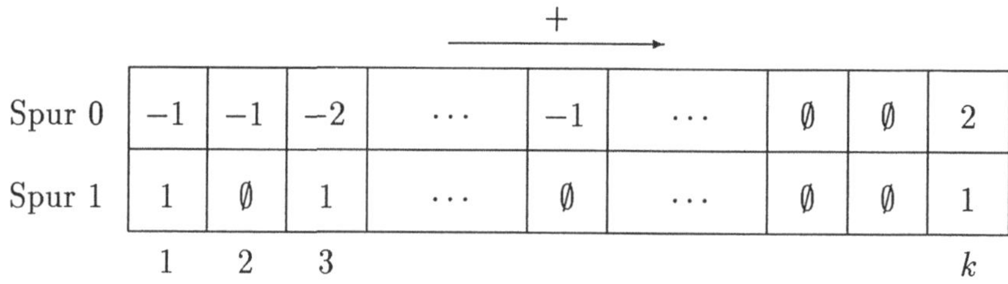

Figur 2.1: Darstellung der Straße

Wir beschreiben $p_{F,F'}$ durch *lokale* Bedingungen, aus denen sich die Übergänge $p_{F,F'}$ ergeben.

Wir sehen den Verkehr als durch einen Takt getrieben an. Zu jedem Zeitpunkt $t \in \mathbb{N}$ ist also F definiert.

Zur Erläuterung betrachten wir einen Überholvorgang.

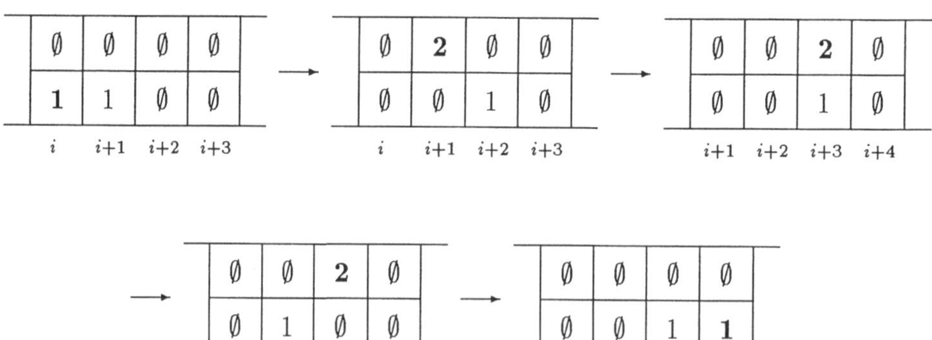

Figur 2.2: Überholvorgang

Dieser Überholvorgang hat also von seinem Anfang bis zum Abschluß einen Streckenabschnitt der Länge 6 belegt. Stellen wir Gegenverkehr in Rechnung, der sich mit Geschwindigkeit -2 nähert, dann sollte das Fahrzeug, das zum Überholen ansetzt, etwa 15 Felder vorausschauen und auch einige Felder nach hinten schauen und von dem Zustand dieser Umgebung seines momentanen Ortes seine Entscheidung abhängig machen.

Allgemein: Das Fahrzeug auf Feld i entscheidet sich in Abhängigkeit von dem Straßenzustand auf $[i - \delta_0 : i + \delta_1] \times [0 : 1]$ in welchen Zustand es übergeht: Die möglichen Entscheidungen für das Fahrzeug sind:

- v beibehalten
- $v \longrightarrow v' = v \pm 1$ mit der Nebenbedingung $v \in [-2 : 2]$
- Spur beibehalten; Spur wechseln

Die Auswirkungen sind:

- Ist $F(i,j) = 0$, dann bleibt das Fahrzeug auf der Position (i,j) im Zustand $v \in \{0, -1, 1\}$.
- Ist $F(i,j) = 1$, das Fahrzeug geht in Position $(i+1, j)$ oder $(i+1, \bar{j})$ über $(\bar{j} = j + 1(2))$ mit $v \in \{0, 1, 2\}$.
- Ist $F(i,j) = 2$, das Fahrzeug geht in Position $(i+2, j)$ oder $(i+2, \bar{j})$ über mit $v \in \{1, 2\}$.
- Ist $F(i,j) = -1$, das Fahrzeug geht in Position $(i-1, j)$ oder $(i-1, \bar{j})$ über in Geschwindigkeit $v \in \{0, -1, -2\}$.
- Ist $F(i,j) = -2$, das Fahrzeug geht in Position $(i-2, j)$ oder $(i-2, \bar{j})$ über und in Geschwindigkeit $v \in \{-2, -1\}$.

Diese Übergänge sind allerdings nur dann möglich, wenn sie verträglich sind mit den Entscheidungen der anderen Fahrzeuge. Konflikte liegen vor, wenn verschiedene Fahrzeuge das gleiche Feld besetzen oder einander überspringen. Ein Beispiel für letzteren Fall würde der folgende Übergang leisten.

Figur 2.3: Konflikt zwischen Fahrzeugen

In diesem Fall führen die von den Fahrzeugen unabhängig voneinander getroffenen Entscheidungen nicht zu den erwähnten Situationen, sondern wir definieren in diesem Fall als Resultat:

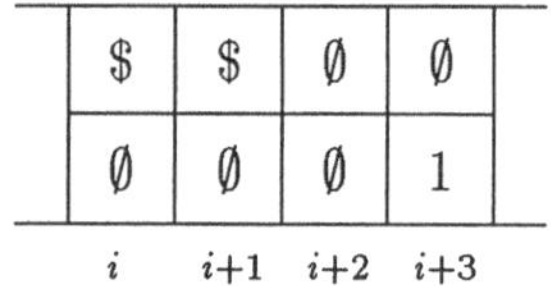

Figur 2.4: Unfall

das wir als Unfall interpretieren.

Die Entscheidung jedes Fahrzeuges schreiben wir nicht eindeutig vor, sondern nur durch gewisse Wahrscheinlichkeiten, die von dem Zustand der den Fahrzeugen *einsehbaren* Umgebung $U(i,j)$ bedingt wird. Mit $F(U(i,j))$ bezeichnen wir den Verkehrszustand, der zu F auf der Umgebung $U(i,j)$ gehört.

Der Folgezustand auf dem Feld (i,j) ergibt sich damit aus den Entscheidungen der Fahrzeuge auf Positionen (i',j'), in deren *Zielbereich* die Position (i,j) liegt.

Der Rand des Fensters erfordert eine Sonderbehandlung. Hier können Fahrzeuge austreten. Diese Entscheidung machen wir nur von dem Teil der zugehörigen Umgebung abhängig, die im Fenster liegt. Die Wahrscheinlichkeit für das Eintreten eines Fahrzeuges in das Fenster bedingen wir durch den Teil der Umgebung, der in Fahrtrichtung im Fenster liegt und durch eine *mittlere Verkehrsdichte*, die wir vorgeben.

Wir müssen weiter festlegen, mit welcher Wahrscheinlichkeit der Schrott \$ von Unfällen von der Straße verschwindet. Das regeln wir so, daß \$ durch $\emptyset$ mit hoher Wahrscheinlichkeit ersetzt wird, wenn alle Fahrzeuge im Sichtbarkeitsbereich der betreffenden Spur stehen.

Da alle Fahrer ihre Entscheidungen unabhängig voneinander treffen, ergibt sich die Wahrscheinlichkeit für die Entscheidung einer auf F folgenden Konfiguration F' als Produkt der Entscheidungswahrscheinlichkeit der Fahrer. Nun kann, wie wir festgestellt haben, aufgrund der Wechselwirkung zwischen den Fahrzeugen, nicht jeder angestrebte Übergang $F \longrightarrow F'$ stattfinden. Unsere Regeln für die Konfliktbehebung ordnen F' eindeutig eine Konfiguration $\tilde{F}$ zu, in die als F aufgrund der getroffenen Entscheidungen der Fahrzeuge übergeht. Hierdurch erhalten wir aber noch nicht $p_{F,\tilde{F}}$, da verschiedene Entscheidungen von F zu der gleichen Konfiguration $\tilde{F}$ führen könnten. Man hat also

$$p_{F,\tilde{F}} = \sum_{F' \rightsquigarrow \tilde{F}} p_{F,F'}$$

Hierin bedeutet $F \rightsquigarrow \tilde{F}$ die Auswirkung der Entscheidung der Fahrzeuge, oder besser der in den Fahrzeugen *verborgenen* Fahrer.

Um zu einem ergodischen Markovprozeß gelangen zu können, eliminieren wir alle Konfigurationen F, die ausgehend von einer leeren Straße nicht erzeugt werden können. Sinnvoll ist eine Wahl der Entscheidungswahrscheinlichkeiten und Eintrittswahrscheinlichkeiten nur, wenn die Eintrittswahrscheinlichkeiten mit den Entscheidungswahrscheinlicheiten in dem Sinne verträglich sind, daß ein Verkehrsfluß entsteht, der den Eintrittswahrscheinlichkeiten entspricht.

Die Entropie des schließlich so definierten Prozesses ist eine untere Schranke für die Informationsmenge, die ein Fernsehkanal übertragen können muß, um das Geschehen auf unserem Straßenabschnitt übertragen zu können.

Eine in Einzelheiten gehende Diskussion aller Fälle und die präzise Berechnung der Entropie ist in diesem Rahmen nicht möglich.

Kapitel 3

Die Kapazität von diskreten Kanälen

3.1 Gestörte diskrete Kanäle ohne Gedächtnis

3.1.1 Definitionen

Wir betrachten nun den gestörten Kanal. Der Kanal besitzt ein Eingabealphabet X und ein Ausgabealphabet Y. Der Zusammenhang zwischen Eingabe- und Ausgabealphabet wird statistisch beschrieben.

Sei $D(X)$ die Menge der Wahrscheinlichkeitsverteilungen über X, d.h.

$$D(X) = \{p : X \longrightarrow [0,1] \mid \sum_{x \in X} p(x) = 1\}.$$

(X, p) mit $p \in D(X)$ ist also eine Informationsquelle ohne Gedächtnis.

Ein Kanal ist mathematisch eine Abbildung

$$\kappa : X \longrightarrow D(Y).$$

$\kappa(x) : Y \longrightarrow [0,1]$ gibt also an, mit welcher Wahrscheinlichkeit der Kanal auf die Eingabe von x hin als Ausgabe y produziert.

Unser *Problem*: Man schließe von der Ausgabe y zurück auf die Eingabe x.

Wir verwenden wie früher die Beziehungen

$$p(x, y) = p(x) \cdot p_x(y)$$

und

$$q(y) = \sum_{x \in X} p(x) \cdot p_x(y).$$

So erhalten wir als Wahrscheinlichkeit $p_y(x)$ für die Eingabe x, wenn y empfangen wurde

$$p_y(x) = \frac{p(x,y)}{q(y)} \quad (q(y) \neq 0).$$

Definition 3.1 *Der Kanal* κ *heißt* störungsfrei, *wenn für alle* $(x,y) \in X \times Y$

$$p_x(y) \in \{0,1\}$$

gilt.

Wir fassen nun den Kanal als eine Quelle auf, die bei Kenntnis von y Elemente aus X erzeugt. Die in diesem Sinne zu y gehörige Entropie ist

$$H_y(X) = -\sum_{x \in X} p_y(x) \log p_y(x).$$

Hierdurch drückt sich die Unbestimmtheit von x relativ zu y aus. Wir erhalten als mittlere Unbestimmtheit

$$H_Y(X) = \sum_{Y} q(y) \cdot H_y(X) = -\sum_{X \times Y} p(x,y) \log p_y(x).$$

Bezeichnung: $H_Y(X)$ heißt *Unbestimmtheit* des Kanales $\kappa : X \longrightarrow D(Y)$ in Bezug auf die Quelle (X,p).

Da $H_Y(X)$ nach dem, was wir über Quellen ausgeführt haben, als mittlerer Informationsgewinn bezeichnet werden kann, wenn wir unter Kenntnis der Ausgabe y die Eingabe x erfahren, so ist es ein plausibler Ansatz $H_Y(X)$ als mittleren Informationsverlust aufzufassen, der bei der Übertragung der Quelle (X,p) über den Kanal κ auftritt. Somit setzen wir als Maß für die im Mittel bei dieser Konfiguration übertragene Information den Ausdruck

$$H(X) - H_Y(X)$$

an. Wie wir in Satz 1.7 gezeigt haben, gilt stets

$$H(X) - H_Y(X) \geq 0.$$

Der Ansatz wird später durch den Beweis des Kodierungstheorems gerechtfertigt.

Man betrachtet zwei **Grenzfälle:**

1. *Der verlustfreie Kanal*
   κ heißt *verlustfrei* $:\Longleftrightarrow H_Y(X) = 0$.

2. $H(X) - H_Y(X) = 0$. In diesem Fall ergibt sich aus Satz 1.1, daß genau dann, wenn $H(X,Y) = H(X) + H(Y)$ ist, auch (X,p) und (Y,q) voneinander unabhängig sind, d.h. daß der Kanal am Ausgang keine Information über die Eingabe enthält.

Wir zeigen nun, daß die Bezeichnung *verlustfrei* im Falle 1 berechtigt ist. Aus

$$H_Y(X) = 0$$

folgt

$$\begin{aligned}
0 &= -\sum_{X\times Y} p(x,y)\cdot \log p_y(x) \\
&= -\sum_{p_y(x)=1} p(x,y)\log p_y(x) - \sum_{p_y(x)\neq 1} p(x,y)\log p_y(x) \\
&= -\sum_{p_y(x)\neq 1} p(x,y)\log p_y(x).
\end{aligned}$$

Hieraus folgt

$$\sum_{p_y(x)\neq 1} p(x,y) = 0$$

d.h.

$$\sum_{p_y(x)=1} p(x,y) = 1$$

Nun setzen wir

$$A_x = \{y \mid p_y(x) = 1\}$$

und erhalten

$$p_x(A_x) = \sum_{p_y(x)=1} p_x(y) = \sum_{p_y(x)=1} \frac{p(x,y)}{p(x)} \quad \text{für} \quad p(x) \neq 0.$$

Hieraus folgt weiter

$$\sum_X p(x)\cdot p_x(A_x) = \sum_{p_y(x)=1} p(x,y) = 1$$

Also haben wir

$$p_x(A_x) = 1 \quad \text{für} \quad p(x) \neq 0.$$

Nun gilt weiter

$$A_x \cap A_{x'} = \emptyset \quad \text{für} \quad x \neq x', p(x) \cdot p(x') \neq 0$$

Diese Behauptung folgt leicht indirekt.

Wäre $y \in A_x \cap A_{x'}$, dann hätten wir $p_y(x) = p_y(x') = 1$ d.h. $\sum_x p_y(x) \geq 2$.

Aus diesem Resultat ergibt sich, daß y die Eingabe x eindeutig bestimmt. Man sieht leicht, daß die Bedingung $p_x(A_x) = 1$ auch hinreichend ist für die Verlustfreiheit des Kanales.

Wir haben damit für zwei Grenzfälle gezeigt, daß der Ansatz, die mittlere Informationsmenge, die κ von der Quelle (X, p) überträgt, zu messen, passend ist. Wir suchen aber ein von Quellen unabhängiges Maß für die Kapazität eines Kanales. Ein solches Maß liefert die folgende

Definition 3.2

$$C_\kappa = \max_{p \in D(X)} (H(X) - H_Y(X))$$

heißt Kanalkapazität *von* κ.

Für $n = \#X$ kann man $p \in D(X)$ als Punkt in $\mathbb{R}^n$ interpretieren. In diesem Sinne gilt $D(X) \subset [0,1]^n$. $D(X)$ erhält man als Schnitt der Ebene $x_1 + \ldots + x_n = 1$ mit $[0,1]^n$ und ist also abgeschlossen. Also existiert das Maximum von $H(X) - H_Y(X)$ in $D(X)$.

Es bleibt zu zeigen, daß die Definition der Kanalkapazität leistet, was wir von einem solchen Maß erwarten:

Ist (X, p) eine Quelle mit $H(X) < C_\kappa$, dann sollte sich die Quelle, ohne einen über alle Grenzen wachsenden Stau zu produzieren, mit vorgegebener Zuverlässigkeit über den Kanal κ übertragen lassen. Der Nachweis dafür, daß diese Vorstellung zutreffend ist, ist der Gegenstand dieses Paragraphen.

3.1.2 Kanalerweiterungen und Entscheidungsschemata

In diesem Paragraphen schätzen wir die Kanalkapazität eines Kanales ab, der sich durch Zusammenschalten verschiedener Kanäle erzeugen läßt. Zunächst betrachten wir den einfachen Fall, daß wir den gleichen Kanal r-mal nebeneinanderschalten. Anschließend betrachten wir das Hintereinanderschalten verschiedener Kanäle.

Sei (X, p) eine Quelle und $\kappa : X \to D(Y)$ ein Kanal, $r \in \mathbb{N}, u \in X^r$ und $v \in Y^r$.
Wir setzen für $u = u_1 \cdot \ldots \cdot u_r$, $v = v_1 \cdot \ldots \cdot v_r$

$$p_u(v) = p_{u_1}(v_1) \cdot \ldots \cdot p_{u_r}(v_r).$$

Wir setzen κ auf X^r fort, indem wir

$$u \overset{\kappa^{(r)}}{\longmapsto} p_u(v)$$

definieren. $\kappa^{(r)}$ heißt die Fortsetzung von κ auf X^r. Wir setzen nun $U = X^r$ und $V = Y^r$. Es gilt dann der

Satz 3.1 *Ist $\kappa : X \to D(Y)$ ein Kanal mit Kapazität C_κ, dann gilt*

$$C_{\kappa^{(r)}} = r \cdot C_\kappa.$$

Beweis: Zum Beweis schätzen wir $H(U) - H_V(U)$ für beliebige Quellen (U, p) ab.
Es gilt, wie wir gesehen haben,

$$H(U, V) = H(U) + H_U(V) = H(V) + H_V(U).$$

Hieraus folgt

$$H(U) - H_V(U) = H(V) - H_U(V).$$

Wir verwenden den rechten Term zur Abschätzung. Es gilt

$$-H_U(V) = \sum_{u,v} p(u, v) \log p_u(v) = \sum_{u,v} p(u, v) \cdot (\sum_{i=1}^{r} \log p_{u_i}(v_i)).$$

Wir setzen

$$p^{(i)}(x, y) = \sum_{\substack{u,v \\ u_i = x \\ v_i = y}} p(u, v) \quad \text{und} \quad p^{(i)}(y) = \sum_x p^{(i)}(x, y).$$

Setzen wir weiter

$$H^{(i)}(Y) := -\sum_{Y} p^{(i)}(y) \log p^{(i)}(y),$$

dann erhalten wir

$$H_U(V) = -\sum_{x,y} \sum_{i=1}^{r} p^{(i)}(x,y) \log p_x(y) = \sum_{i=1}^{r} H_X^{(i)}(Y).$$

und weiter

$$H(U) - H_V(U) = H(V) - \sum_{i=1}^{r} H_X^{(i)}(Y).$$

Nun gilt

$$\begin{aligned} H(U) - H_V(U) &\leq \sum_{i=1}^{r} (H^{(i)}(Y) - H_X^{(i)}(Y)) \\ &= \sum_{i=1}^{r} H^{(i)}(X) - H_Y^{(i)}(X) \\ &\leq r \cdot C_\kappa. \end{aligned}$$

Wählen wir nun (X, p), so daß

$$H(X) - H_Y(X) = C_\kappa$$

ist, dann erhalten wir für die unabhängig auf $U = X^n$ fortgesetzte Verteilung $\tilde{p}$ von p.

$$\tilde{p}^{(i)}(x,y) = p(x) \cdot p_x(y)$$

und also

$$H(U) - H_V(U) = r \cdot (H(X) - H_Y(X)) = r \cdot C_\kappa.$$

Also gilt, wie behauptet

$$C_{\kappa^{(r)}} = r \cdot C_\kappa$$

□

Als nächstes behandeln wir die Frage nach der Kapazität von zwei hintereinander geschalteten Kanälen. Es seien also X, Y, Z endliche Alphabete und

$$\kappa : X \to D(Y), \ \lambda : Y \to D(Z)$$

zwei Kanäle. Wir definieren nun

$$\kappa \cdot \lambda : X \to D(Z)$$

indem wir

$$r_x(z) = \sum_y p_x(y) q_y(z)$$

setzen. Identifizieren wir

$$\kappa = (p_x(y))_{\substack{x \in X \\ y \in Y}}, \quad \lambda = (q_y(z))_{\substack{y \in Y \\ z \in Z}}$$

dann gilt also für den Kanal $\kappa \circ \lambda$

$$\kappa \circ \lambda = (p_x(y)) \cdot (q_y(z)).$$

Wir vergleichen

$$H(X) - H_Z(X) = H(Z) - H_X(Z)$$

und

$$H(X) - H_Y(X) = H(Y) - H_X(Y).$$

Das Ziel ist

$$H(X) - H_Y(X) \geq H(X) - H_Z(X)$$

zu beweisen. Das ist äquivalent mit

$$-H_Y(X) \geq -H_Z(X)$$

oder

$$H_Z(X) - H_Y(X) \geq 0.$$

Wir behaupten:

Satz 3.2

$$C_{\kappa \circ \lambda} \leq C_\kappa.$$

Erläuterung: Man kann keinen Kanal dadurch verbessern, daß man einen zweiten Kanal dahinter hängt. Das gilt natürlich auch für den Fall, daß λ verlustfrei ist. Da sich Dekodierverfahren als verlustfrei auffassen lassen, kann man also auf keine Weise die Kapazität eines Kanales erhöhen. Es bleibt dann noch die Frage, ob man die Kapazität eines Kanales auch voll nutzen kann.

Beweis: Wir betrachten also

$$
\begin{aligned}
&H_Z(X) - H_Y(X) \\
&= \sum_{x,y} p(x)p_x(y) \log p_y(x) - \sum_{x,z} p(x)p_x(z) \log p_z(x) \\
&= \sum_x p(x)(\sum_y p_x(y) \log p_y(x) - \sum_z p_x(z) \log p_z(x)) \\
&= \sum_x p(x)(\sum_y p_x(y) \log p_y(x) - \sum_z \sum_y p_x(y)p_y(z) \log p_z(x)) \\
&= \sum_x p(x) \cdot (\sum_y p_x(y) \log p_y(x) - \sum_y p_x(y) \sum_z p_y(z) \log p_z(x)).
\end{aligned}
$$

Da log konkav ist, d.h.

$$\log(\sum p_i \cdot a_i) \geq \sum p_i \log a_i$$

gilt, haben wir weiter

$$
\begin{aligned}
&H_Z(X) - H_Y(X) \\
&\geq \sum_x p(x)(\sum_y p_x(y) \log p_y(x) - \sum_y p_x(y) \log \sum_z p_y(z)p_z(x)) \\
&= \sum_x p(x) \sum_y p_x(y) \cdot (\log p_y(x) - \log p_y(x)) = 0
\end{aligned}
$$

Aus

$$H_Z(X) - H_Y(X) \geq 0$$

folgt der behauptete Satz. □

Es bleibt nun die Frage, ob $C_{\kappa \circ \lambda} > C_\lambda$ sein kann. Zur Beantwortung dieser Frage betrachten wir nochmals die gerade bewiesene Relation

$$H(X) - H_Z(X) \leq H(X) - H_Y(X).$$

Nun verwenden wir die Symmetrieeigenschaft, die wir zu Beginn des Beweises des vorigen Satzes erläutert haben und erhalten

$$H(Z) - H_X(Z) \leq H(Y) - H_X(Y).$$

Wir betrachten also den Kanal in umgekehrter Richtung und erhalten

$$C_{\lambda \circ \kappa} \leq C_\lambda.$$

Die Resultate dieses Paragraphen können wir wie folgt zusammenfassen:

Satz 3.3 *Ist κ ein Kanal, der sich durch Parallelschalten und Hintereinanderschalten von Elementarkanälen E_i ergibt, dann ist*

$$C_\kappa \leq \sum_{j=1}^{r} C_{E_{i_j}},$$

wenn $E_{i_j}, \ldots, E_{i_r}$ die Elementarkanäle sind, die auf einem Querschnitt *des Kanales κ liegen.*

Eine Menge Σ von Elementarkanälen bildet einen Querschnitt, wenn die Wegnahme der Kanäle aus Σ den Kanal unterbrechen würde. Der Satz besagt, daß die Kapazität eines Kanales, der durch parallele und sequentielle Verschaltung von Elementarkanälen aufgebaut wurde, durch seine *Taille* bestimmt wird. Die folgende Figur illustriert diese Vorstellung.

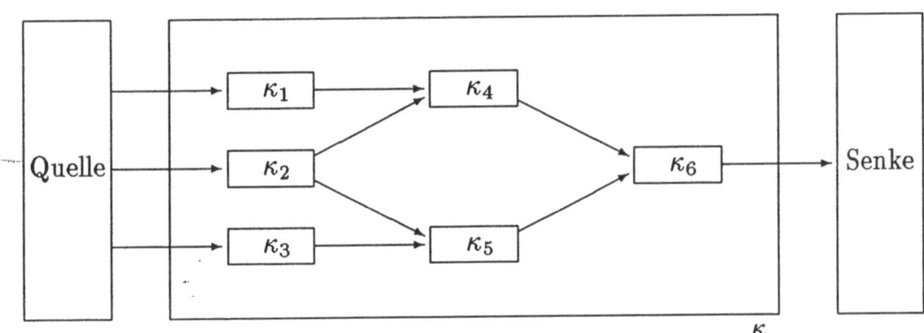

Figur 3.1: Netz von Kanälen

Wir sehen

$$C_\kappa \leq C_{\kappa_1} + C_{\kappa_2} + C_{\kappa_3},\ C_{\kappa_4} + C_{\kappa_5},\ C_{\kappa_1} + C_{\kappa_2} + C_{\kappa_5},\ \ldots,\ C_{\kappa_6}\ .$$

Hat man also einen Kanal κ, dessen Kanalkapazität C_κ man kennt, und weiß man, daß er aus einem Bausteinsystem Σ von Elementarkanälen aufgebaut ist, dann kann man eine untere Schranke für die Anzahl μ der verwendeten Kanäle aus Σ angeben.
Ist nämlich

$$C_0 = \max\{C_{\kappa'} \mid \kappa' \in \Sigma\}\ ,$$

dann gilt

$$\mu \geq \frac{C_\kappa}{C_0}\ .$$

Man schätzt damit allerdings nur die Taille des Netzes ab. Da man jeden Algorithmus auch als Kanal auffassen kann, ergibt sich hieraus die Möglichkeit, untere Schranken für den Speicherbedarf von Algorithmen abzuleiten.

3.2 Der Satz von Fano

Von Fano stammt die folgende Abschätzung eines Kanales.

Satz 3.4 (Fano) *Sei $\kappa : X \to D(Y)$ ein Kanal und (X,p) eine Quelle. $\delta : Y \to X$ sei surjektiv und $\tilde{p} = \sum_x p(x)p_x(\delta^{-1}(x))$ die Wahrscheinlichkeit dafür, daß δ den Kanal korrekt dekodiert. Unter diesen Voraussetzungen gilt*

$$H_Y(X) \leq H(\tilde{p}, 1-\tilde{p}) + (1-\tilde{p}) \cdot \log(n-1).$$

Beweis: Die Wahrscheinlichkeit dafür, daß die Dekodierung fehlerhaft ist, ergibt sich aus

$$p(e) = (1-\tilde{p}) = \sum_x p(x) \cdot p_x(\overline{\delta^{-1}(x)}) = \sum_y p(y) \cdot (1 - p_y(\delta(y)),$$

wie man direkt nachrechnet; dabei ist

$$\overline{\delta^{-1}(x)} = Y - \delta^{-1}(x).$$

In dieser Beziehung kommen zwei verschiedene Vorstellungen über die Fehlerwahrscheinlichkeit zum Ausdruck, die sich als äquivalent erweisen. Wir verwenden im folgenden die zweite Vorstellung.

Es gilt

$$\begin{aligned} H_Y(X) &= -\sum_Y \sum_X p(y) \cdot p_y(x) \log p_y(x) = -\sum_Y p(y) \sum_X p_y(x) \log p_y(x) \\ &= -\sum_Y p(y) \cdot p_y(\delta(y)) \cdot \log p_y(\delta(y)) - \sum_Y p(y) \sum_{x \in \overline{\delta(y)}} p_y(x) \log p_y(x). \end{aligned}$$

Wir formen den zweiten Summanden wie folgt um

$$\begin{aligned} &- \sum_{x \in \overline{\delta(y)}} p_y(x) \cdot \log p_y(x) \\ &= -[1 - p_y(\delta(y))] \cdot \sum_{x \in \overline{\delta(y)}} \frac{p_y(x)}{1 - p_y(\delta(y))} \left[\log \frac{p_y(x)}{1 - p_y(\bar{x})} + \log(1 - p_y(\bar{x})) \right] \\ &= -[1 - p_y(\delta(y))] \cdot [-H_Y(X - \bar{x}) + \log(1 - p_y(\delta(y))] \\ &\leq -[1 - p_y(\delta(y))] \cdot [-\log(n-1) + \log(1 - p_y(\delta(y))] \\ &= [1 - p_y(\delta(y))] \cdot \log \frac{n-1}{1 - p_y(\delta(y))}. \end{aligned}$$

Hierin ist $n = \#X$ und $H_Y(X - \bar{x})$ die bedingte Entropie zu der Verteilung

$$\frac{p_y(x)}{1 - p_y(\delta(y))} \quad \text{über} \quad X - \bar{x} = X - \delta(y).$$

Wir setzen das Resultat unserer Umformung in den Ausdruck für $H_Y(X)$ ein und erhalten weiter

$$\begin{aligned} H_Y(X) &\leq -\sum_Y p(y) \cdot \left[p_y(\delta(y)) \log p_y(\delta(y)) - [1 - p_y(\delta(y))] \log \frac{n-1}{1 - p_y(\delta(y))} \right] \\ &= -\sum_Y p(y) \cdot p_y(\delta(y)) \cdot \log p_y(\delta(y)) + p(e) \log(n-1) \\ &\quad -\sum_Y p(y) p_y(\overline{\delta(y)}) \cdot \log p_y(\overline{\delta(y)}) \\ &= p(e) \cdot \log(n-1) \\ &\quad -\sum_Y p(y)[p_y(\delta(y)) \cdot \log p_y(\delta(y)) + p_y(\overline{\delta(y)}) \log p_y(\overline{\delta(y)})]. \end{aligned}$$

Von diesem Ausdruck gelangen wir durch die Einführung einer neuen Quelle mit dem Alphabet $Z = (z_1, z_2)$ zu dem gewünschten Resultat, indem wir $H_Y(Z) \leq H(Z)$ verwenden.
Wir setzen

$$q_y(z_1) = p_y(\delta(y)) \quad \text{und} \quad q_y(z_2) = p_y(\overline{\delta(y)}).$$

Wir erhalten

$$\begin{aligned} H_y(Z) &= q_y(z_1) \log q_y(z_1) - q_y(z_2) \log q_y(z_2) \\ &= -p_y(\delta(y)) \log p_y(\delta(y)) - p_y(\overline{\delta(y)}) \log p_y(\overline{\delta(y)}). \end{aligned}$$

Verwenden wir nun $H_Y(Z) \leq H(Z)$, dann ergibt sich

$$\begin{aligned} H_Y(X) &\leq p(e) \log(n-1) + H(Z) \\ &= p(e) \log(n-1) + H(q(z_1), q(z_2)) \end{aligned}$$

Wegen

$$q(z) = \sum_y p(\overline{\delta(y)}, y) = \sum_y zp(y) \cdot [1 - p_y(\delta(y))] = p(e),$$

haben wir also

$$H_Y(X) \leq H(\tilde{p}, p(e)) + p(e) \cdot \log(n-1),$$

was der Satz behauptet. □

Manchmal findet man den Satz wie folgt interpretiert:

Wir betrachten den Kanal κ und die Dekodierung δ als neuen Kanal. Ein außen stehender Beobachter, der die Eingabe x und die Ausgabe x' sieht, ergänzt den Kanal durch die Mitteilung „o.k.", falls $x = x'$ ist, d.h. mit Wahrscheinlichkeit $\tilde{p}$ und im Falle, daß $x \neq x'$ ist, durch die Ausgabe von x. Die erste Mitteilung hat die Entropie $H(\tilde{p})$, die Entropie der zweiten Mitteilung wird durch $\log(n-1)$ nach oben abgeschätzt. Im Mittel liefert der Beobachter also die Information $H(\tilde{p}, 1-\tilde{p}) + (1-\tilde{p})\log(n-1)$. Der gesamte Kanal, Original zusammen mit der Information durch den außenstehenden Beobachter, ist verlustfrei. Also gleicht die Information des Beobachters den Verlust $-H_Y(X)$ aus, d.h. es gilt

$$-H_Y(X) + H(\tilde{p}, 1-\tilde{p}) + (1-\tilde{p})\log(n-1) \geq 0.$$

Wir wollen uns die Struktur dieses Kanales genauer ansehen. Das folgende Diagramm veranschaulicht den ergänzten Kanal.

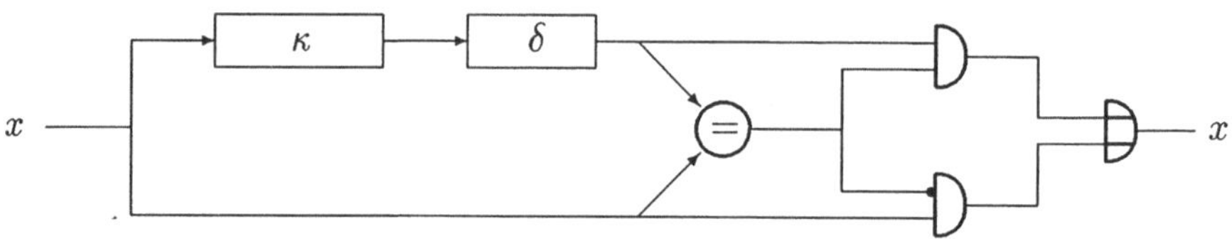

Figur 3.2: Beitrag des Beobachters

Wir haben darin X durch Elemente $0, 1 \notin X$ ergänzt. Die in der Figur enthaltenen Symbole definieren Operationen, die durch die folgenden Diagramme definiert werden.

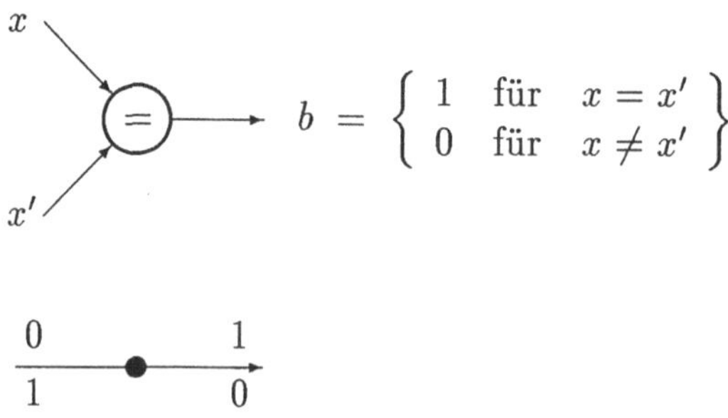

$$b = \left\{ \begin{array}{ll} 1 & \text{für} \quad x = x' \\ 0 & \text{für} \quad x \neq x' \end{array} \right\}$$

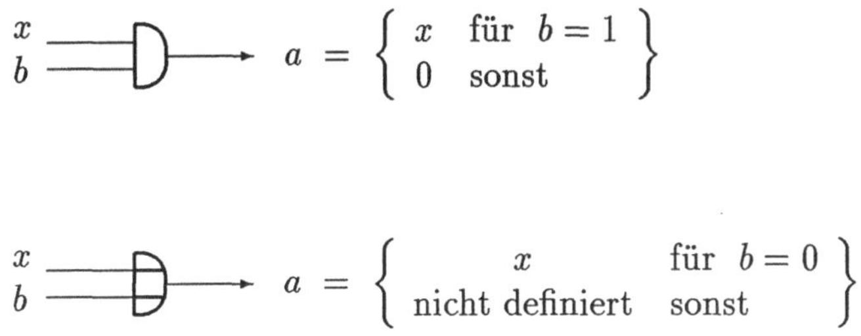

$$x, b \longrightarrow a = \left\{ \begin{array}{ll} x & \text{für } b = 1 \\ 0 & \text{sonst} \end{array} \right\}$$

$$x, b \longrightarrow a = \left\{ \begin{array}{ll} x & \text{für } b = 0 \\ \text{nicht definiert} & \text{sonst} \end{array} \right\}$$

Figur 3.3: Erklärung der Operationen

Weiter verlangen wir, daß diese Operationen kommutativ sind.

Der durch den Eingriff des äußeren Beobachters gebildete Kanal ist offensichtlich verlustfrei. Wir wollen nun die Kapazität des Kanales aus der Kanalstruktur bestimmen, um so zu einer Abschätzung von $H_Y(X)$ zu gelangen. Hierzu schauen wir uns den Teilkanal an, der die Information des äußeren Beobachters in den Entscheidungsprozeß einbringt.

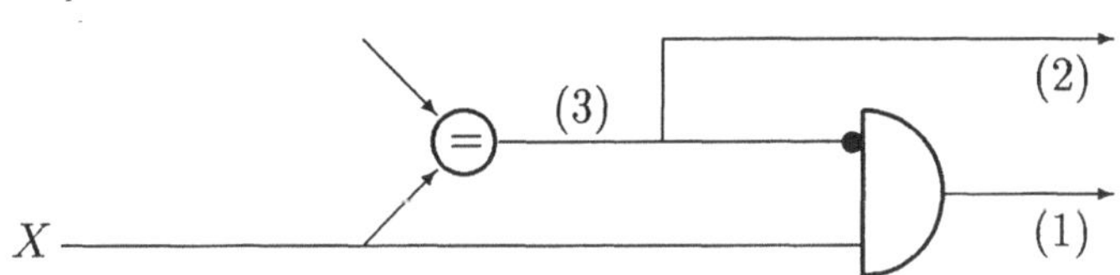

Figur 3.4: Teilkanal des äußeren Beobachters

Wir erhalten an der Stelle (3) das Signal 1 mit Wahrscheinlichkeit $\tilde{p}$ und für die Signalwahrscheinlichkeiten vor dem *Gatter* (1)

$$p(1,x) = p(x) \cdot p_x(\delta^{-1}(x)), \quad p(0,x) = p(x) \cdot (1 - p_x(\delta^{-1}(x))).$$

Wir betrachten nun die Information, die an den Ausgängen (1) und (2) im Mittel erzeugt wird. Bezeichnen wir das Signal am Ausgang (2) mit b und das am Ausgang (1) mit z, dann haben wir

$$p(b,z) = \left\{ \begin{array}{ccc} (1-\tilde{p}) \cdot p_0(z) & \text{für} & z \in X, \; b = 0 \\ \tilde{p} & \text{für} & z = 0, \; b = 1 \\ 0 & \text{sonst.} & \end{array} \right.$$

Hierin ist $p_0(z)$ die Wahrscheinlichkeit für das Auftreten von x unter der Voraussetzung $b = 0$. Für die Entropie erhalten wir also

$$\begin{aligned} H(B \times X) &= -\sum_{B \times X} p(b, z) \log p(b, z) \\ &= -\tilde{p} \log \tilde{p} - (1 - \tilde{p}) \log(1 - \tilde{p}) - \sum_{z \in X} (1 - \tilde{p}) p_0(z) \log p_0(z) \\ &= H(\tilde{p}, 1 - \tilde{p}) - (1 - \tilde{p}) \cdot \sum_{z \in X} p_0(z) \log p_0(z). \end{aligned}$$

Hieraus erhält man

$$H(B \times X) \leq H(\tilde{p}, 1 - \tilde{p}) + (1 - \tilde{p}) \log n.$$

Trifft unsere Intuition über die Rolle von $H_Y(X)$ zu, dann gilt

$$H_Y(X) \leq H(\tilde{p}, 1 - \tilde{p}) + (1 - \tilde{p}) \log n.$$

Das ist nicht die Fano'sche Ungleichung, da sie $\log n$ anstelle von $\log(n-1)$ enthält. Aber auch dann, wenn die Einbeziehung auch der anderen Gatter in eine feinere Analyse die Fano'sche Ungleichung erbringt, ist das kein Beweis, da unsere Intuition hinsichtlich der Rolle von $H_Y(X)$ falsch sein könnte. Die Fano'sche Ungleichung ist also eher als eine Bestätigung unserer Intuition anzusehen.

Die schwache Umkehrung des Kodierungstheorems

Sei $\kappa : X \to D(Y)$ ein Kanal, der nicht verlustfrei ist. Es gilt dann für jede Eingangsverteilung p, daß $H_Y(X) \neq 0$. Ist $\delta : Y \to X$ ein Entscheidungsschema, dann können wir fragen, ob es zu diesem δ eine Eingangsverteilung p gibt, so daß die Wahrscheinlichkeit $\tilde{p}$ für eine korrekte Übertragung gleich 1 wird. Der Satz von Fano besagt

$$H_Y(X) \leq H(\tilde{p}) + (1 - \tilde{p}) \cdot \log(n).$$

Hieraus ergibt sich wegen $H_Y(X) \neq 0$ eine positive obere Schranke ¡ 1 für $\tilde{p}$; denn aus $1 - \tilde{p} = 0$ würde auch $H(\tilde{p}) = 0$ folgen, was $H_Y(X) \neq 0$ widerspricht. Man erschließt aber auch eine von der Eingangsverteilung unabhängige positive untere Schranke für $1 - \tilde{p}$, indem man die Menge aller Verteilungen p über X betrachtet und bemerkt, daß diese Menge abgeschlossen ist. Im Falle, daß es keine solche positive Unterschranke für alle p gäbe, existiete eine Folge

$p_1, p_2, \ldots$ von Verteilungen über X, für die $\tilde{p}_1, \tilde{p}_2, \ldots$ gegen 1 konvergiert. Für die Grenzverteilung $\tilde{p}$ hätten wir entgegen unserer Feststellung $1 - \tilde{p} = 0$.

Ein nicht verlustfreier Kanal gestattet also für keine Eingangsverteilung eine fehlerfreie Nachrichtenübertragung. Dies gilt auch für alle Kanalerweiterungen, da sich die Eigenschaft *nicht verlustfrei* auf Kanalerweiterungen vererbt.

Damit haben wir folgende Feststellung gemacht: Die Fehlerwahrscheinlichkeit der Übertragung über nicht verlustfreie Kanäle kann durch kein Kodierverfahren auf 0 gedrückt werden.

Wir werden aber zeigen, daß man die Fehlerwahrscheinlichkeit durch geeignete Kanalerweiterungen und dazugehörige Kodier- und Dekodierschemata unter jede vorgegebene positive Zahl $\varepsilon > 0$ drücken kann.

3.3 Das Kodierungstheorem für Kanäle ohne Gedächtnis

Sei (X, p) die gedächtnislose Quelle des Kanales $\kappa : X \to D(Y), H = H(X)$ die Entropie der Quelle und $C = C_k$ die Kapazität des Kanales. $\kappa^{(r)}$ sei die r-fache *parallele* Erweiterung von k und stets ist $U = X^{(r)}$ und $V = Y^{(r)}$. $\delta : V \to U$ ist eine Abbildung, die V in U dekodiert. Wir werden in diesem Paragraphen den folgenden Satz beweisen.

Satz 3.5 *Ist $H < C$, so gibt es zu jedem $\varepsilon > 0$ eine natürliche Zahl $N(\varepsilon)$ und zu jedem $r \in \mathbb{N}, r > N(\varepsilon)$ eine Menge $L \subset U$ und δ, so daß die folgenden Beziehungen gelten:*

$$\#L > 2^{r \cdot H}, \quad p_u(\delta^{-1}(u)) \geq 1 - \varepsilon \quad \textit{für} \quad u \in L.$$

Diskussion des Satzes:

Der Satz besagt zunächst, daß sich die Elemente $u \in L$ mit hoher Zuverlässigkeit übertragen lassen. Dabei ist die Anzahl der Elemente von L größer als $2^{r \cdot H}$. Die Anzahl der Elemente von U ist $2^{r \cdot \log n}$ und ist also erheblich größer als $\#L$, wenn H viel kleiner als $\log n$ ist.

Wir betrachten zunächst den einfachen Fall der Verteilung q über U mit

$$q(u) = \begin{cases} \frac{1}{N} & \text{für} \quad u \in L, \quad N = \#L \\ 0 & \text{sonst.} \end{cases}$$

Es ist

$$H(L, q) = \log N \geq r \cdot H\ .$$

Für die Wahrscheinlichkeit $p_u(u)$ der korrekten Übertragung von $u \in L$ haben wir aufgrund des Satzes

$$p_u(u) = p_u(\delta^{-1}(u)) \geq 1 - \varepsilon \quad \text{für} \quad u \in L$$

und für beliebige Wahrscheinlichkeitsverteilungen q' über L

$$\sum_{u \in L} q'(u) p_u(u) \geq (1 - \varepsilon) \sum_{u \in L} q'(u) = 1 - \varepsilon$$

als Abschätzung für die mittlere Fehlerwahrscheinlichkeit.

Diese Vorbemerkung führt uns zu der Idee, wie man eine Übertragung der Quelle (X, p) in der Rate von einem Zeichen $x \in X$ pro Zeiteinheit und der von dem Satz garantierten Sicherheit gewährleisten kann.

Wir wählen eine optimale Kodierung

$$c : U^s \to L^*,$$

für die das Kodierungstheorem im störungsfreien Fall die Ungleichung

$$\frac{1}{s} E(U^s, c) < \frac{1}{\log N} H(U, p) + \frac{1}{s}$$

gewährleistet. Geben wir also ein $\eta > 0$ beliebig vor, dann erhalten wir für $s > \frac{1}{\eta}$

$$\frac{1}{s} E(U^s, c) < \frac{1}{\log N} H(U, p) + \eta$$

und weiter wegen $H(U, p) = r \cdot H$

$$\frac{1}{s} E(U^s, c) < \frac{r \cdot H}{\log N} + \eta.$$

Wegen $N > 2^{r \cdot H}$ können wir η so wählen, daß

$$\frac{1}{s} E(U^s, c) < 1$$

für $r > N(\varepsilon)$ und $s > \frac{1}{\eta}$ gilt.

Das besagt aber, daß wir mit einer mittleren Übertragungsrate von weniger als einem x pro Zeiteinheit auskommen. Wenn eine seltene Folge von Nachrichten eintrifft, die eine längere Kodierung erfahren haben, dann baut sich ein Stau auf. Da im Mittel durch den Kanal aber mehr Zeichen übertragen werden, als die mittlere Informationsrate beträgt, verschwindet der Stau stets wieder.

Die Kodierung von Markovquellen bereitet uns etwas mehr Mühe, da unsere Kodierung im störungsfreien Fall keinen präfixfreien Kode erzeugen muß. Eine fehlerhafte Übertragung zerstört damit die Synchronisation zwischen Kodierung und Dekodierung. Man kann dieser Schwierigkeit dadurch begegnen, daß man in einem fest vereinbarten Rhythmus durch einen Rücksetzungsbefehl sowohl im Kodier- wie im Dekodierwerk die Synchronisation wieder herstellt. Bei großen Blocklängen ist die dadurch erzeugte Herabsetzung der Übertragungsrate unerheblich. Auch die Fehlerwahrscheinlichkeit kann durch eine hinreichend kleine Wahl von ε unter Kontrolle gehalten werden, da der Rücksetzungsrhythmus unabhängig von dem Kanal erfolgen kann.

Satz 3.6 (Kodierungstheorem) *Ist (A, π) eine Markovquelle und $\kappa : X \to D(Y)$ ein Kanal und ist $H < C$, dann gibt es zu vorgegebenem ε ein $N(\varepsilon)$ und zu jedem $r > N(\varepsilon)$ eine Kodierung $c : A^r \to (X^r)^*$, so daß die mittlere Kodelänge $E(A, c) < r \cdot C$ ist und die Fehlerwahrscheinlichkeit für die Übertragung von $u \in A^r$ kleiner ε ist.*

Zum Beweis des Kodierungstheorems verwenden wir die drei folgenden Lemmata.

Lemma 3.1 *Zu jedem $\varepsilon, \delta > 0$ gibt es $N(\varepsilon, \delta)$, so daß folgende Aussagen zutreffen:*

1. *Für $U = X^r$ und $r > N(\varepsilon, \delta)$ und $U_0 = \{u \in U \mid \ |-\frac{\log p(u)}{r} - H(X)| < \varepsilon\}$ gilt $p(U - U_0) < \delta$.*
2. *Für $U = X^r, V = Y^r$ und $r > N(\varepsilon, \delta)$ und $Z = \{(u, v) \in U \times V \mid |-\frac{\log p_v(u)}{r} - H_Y(X)| < \varepsilon\}$ gilt $p(U \times V - Z) < \delta$.*

Beweis: ad 1.: Sei $X = \{x_1, \ldots, x_n\}$ und $u = x_{i_1} \cdot \ldots \cdot x_{i_r}$. Wir haben dann

$$p(u) = p(x_{i_1}) \cdot \ldots \cdot p(x_{i_r}) = p(x_1)^{r_1} \cdot \ldots \cdot p(x_n)^{r_n},$$

wenn r_i angibt, wie oft x_i in u vorkommt.
Also haben wir

$$\frac{1}{r} \log p(u) = \frac{r_1}{r} \log p(x_1) + \ldots + \frac{r_n}{r} \log p(x_n).$$

Aus dem schwachen Gesetz der großen Zahlen folgt, daß

$$\frac{r_i}{r} \to p(x_i) \quad \text{mit} \quad r \to \infty$$

mit Wahrscheinlichkeit 1. Daraus folgt

$$-\frac{1}{r}\log p(u) \to H(X)$$

mit Wahrscheinlichkeit 1. Das ist gerade was zu beweisen war.

ad 2.: Die Behauptung (2) folgt aus (1). Zunächst gilt für hinreichend großes r und

$$Z = \{(u,v) \in U \times V| \quad |-\frac{\log p(u,v)}{r} - H(X,Y)| < \varepsilon\}$$

analog zu (1)

$$p(U \times V - Z) < \delta.$$

Nun kann man $N(\varepsilon, \delta)$ so groß wählen, daß für

$$L = \{v \in V | \exists_u (u,v) \in Z\}$$

$$p(V - L) < \varepsilon$$

gilt. Aus beiden Approximationen für $H(X,Y)$ und die für $H(Y)$ folgt

$$\left|-\frac{\log p_v(u)}{r} - H_Y(X)\right| < \varepsilon,$$

was zu zeigen war. □

Lemma 3.2 *Seien* $\delta_1 > 0, \delta_2 > 0, \alpha > 0$ *und*

$$\begin{aligned} Z &\subset U \times V \quad \textit{und} \quad p(Z) > 1 - \delta_1, \\ U_0 &\subset U \quad \textit{und} \quad p(U_0) > 1 - \delta_2, \\ A_u &= \{v | (u,v) \in Z\}, \\ U_1 &= \{u \in U_0 | p_u(A_u) \geq 1 - \alpha\}. \end{aligned}$$

Unter diesen Voraussetzungen gilt

$$p(U_1) > 1 - \delta_2 - \frac{\delta_1}{\alpha}.$$

Diskussion des Lemmas:

Das Lemma ist plausibel, denn da die (u, A_u) ganz Z ausfüllen und Z hinsichtlich p ganz $U \times V$ nahezu ausfüllt, sollten in einem großen U_0 sehr viele Punkte u mit großen $p_u(A_u)$ liegen.

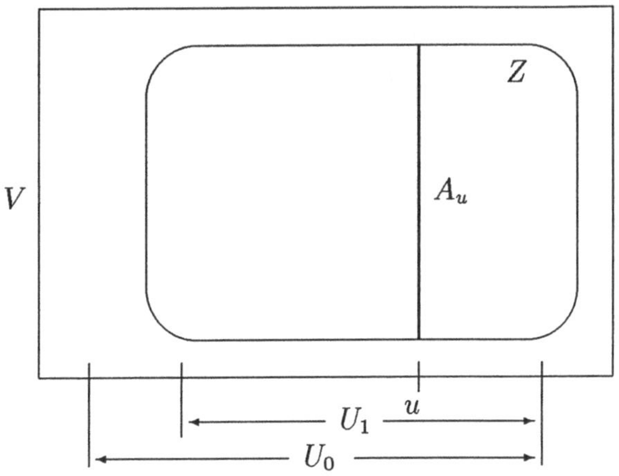

Figur 3.5: Veranschaulichung der Mengen

Beweis: Wir setzen

$$U_2 = \{u | p_u(A_u) < 1 - \alpha\} = \{u | p_u(\bar{A}_u) \geq \alpha\};$$

hierin ist $\bar{A}_u = V - A_u$. Aufgrund der Definition von A_u ist $(u, \bar{A}_u) \cap Z = \emptyset$ und also

$$\bigcup_{u \in U_2} (u, \bar{A}_u) \cap Z = \emptyset.$$

Da also

$$\bigcup_{u \in U_2} (u, A_u) \subset (U \times V - Z)$$

ist, folgt

$$\delta_1 > p(\bigcup_{u \in U_2} (u, A_u)) \geq \alpha \cdot p(U_2) \geq \alpha \cdot p(U_2 \cap U_0),$$

d.h.

$$p(U_2 \cap U_0) < \frac{\delta_1}{\alpha}.$$

Aus

$$U_1 = U_0 - (U_0 \cap U_2)$$

folgt

$$p(U_1) > 1 - \delta_2 - \frac{\delta_1}{\alpha},$$

was zu zeigen war. □

Nun interessieren wir uns für die Größe von A_u gemessen in der durch $p(\ )$ und $p_u(\ )$ auf V induzierten Verteilung, die wir wieder mit p bezeichnen.

Für $u \in U_0$ und $(u, v) \in Z$ erhalten wir aus Lemma 3.1 für hinreichend großes r

$$-r \cdot (H(X) - \varepsilon) > \log p(u) > -r \cdot (H(X) + \varepsilon)$$

und

$$-r \cdot (H_Y(X) - \varepsilon) > \log p_v(u) > -r \cdot (H_Y(X) + \varepsilon)$$

Hieraus folgt

$$\frac{p_v(u)}{p(u)} > \frac{2^{-r \cdot (H_Y(X)+\varepsilon)}}{2^{-r(H(X)-\varepsilon)}} = 2^{r \cdot (R-2\varepsilon)},$$

worin $R = H(X) - H_Y(X)$ gesetzt wurde.

Durch Multiplikation mit $p(v)$ und Summation über A_u erhält man

$$1 \geq \sum_{v \in A_u} \frac{p(u, v)}{p(u)} = \frac{p(u, A_u)}{p(u)} > p(A_u) \cdot 2^{r \cdot (R - 2 \cdot \varepsilon)},$$

woraus sich

$$p(A_u) < 2^{-r \cdot (R - 2 \cdot \varepsilon)}$$

ergibt.

Also in p gemessen ist A_u klein für $R - 2\varepsilon > 0$ und r groß.

Fassen wir unser Ziel, nämlich den Beweis des Kodierungstheorems ins Auge, dann erkennen wir, daß wir eine Beweischance haben, wenn es eine große Anzahl von Elementen $u \in U_1$ gibt, so daß für je zwei verschiedene Elemente $u_1, u_2 \in U_1$, $A_{u_1} \cap A_{u_2} = \emptyset$ gilt. Denn ist das der Fall, dann wählen wir diese Menge als L und als Dekodierung δ eine Abbildung mit $\delta(A_u) = u$. Das folgende Lemma zeigt, daß diese Idee gangbar ist. Zur Formulierung sind die folgenden Definitionen hilfreich.

Sei $\mu' : X' \to 2^Y$ eine Abbildung und $\tilde{x} \subset X' \subset X$.

Definition 3.3 (X', μ') *heißt eine* α-Überdeckung *von* Y, *falls*

$$p_x(\mu'(x)) \geq 1 - \alpha \quad \text{für} \quad x \in X'.$$

(X', μ') *heißt* η-maximale Partition *bezüglich* κ, *falls (1),(2) und (3) gelten:*

1. *(X', μ') ist eine η-Überdeckung von Y.*

2. *$\mu'(x) \cap \mu'(x') = \emptyset$ für $x, x' \in X'$ und $x \neq x'$.*

3. *Ist* $\tilde{x} \in X - X'$ *und* $\tilde{\mu}(x) = \left\{ \begin{array}{ll} \mu(x) & \textit{für} \quad x \in X \\ y' \subset Y & \textit{für} \quad x = \tilde{x} \end{array} \right\}$, *dann erfüllt* $(X' \cup \{\tilde{x}\}, \tilde{\mu})$ *(1) oder (2) nicht.*

(X', μ') *heißt* σ-beschränkt *hinsichtlich* $p(\ )$ *und* $p_x(\ )$, *wenn*

$$p(\mu'(x')) = \sum_{x \in X} p(x) \cdot p_x(\mu(x')) < \sigma \quad \textit{für} \quad x \in X'$$

gilt.

Man sieht, daß wir in der Konstruktion von U_1 eine $2^{-r \cdot (R-2\varepsilon)}$- beschränkte α-Überdeckung von V konstruiert haben, wenn $\mu(u) = A_u$ gesetzt wird.

Lemma 3.3 *Sei* (X', μ') *eine* σ*-beschränkte* γ*-maximale Partition. Es sei* $\alpha < \gamma$ *und* $(\tilde{X}, \tilde{\mu})$ *eine* σ*-beschränkte* α*-Überdeckung. Ist* $X' \cap \tilde{X} = \emptyset$ *und* $N = \#X'$, *dann gilt*

$$N \cdot \sigma > (\gamma - \alpha) \cdot p(\tilde{X}) + (1 - \gamma) \cdot p(X').$$

Beweis: Da (X', μ') γ-maximal ist und $(\tilde{X}, \tilde{\mu})$ wegen $\alpha < \gamma$ auch eine γ-Überdeckung ist, gilt

$$\tilde{\mu}(\tilde{x}) \cap \mu'(X') \neq \emptyset \quad \text{für alle} \quad \tilde{x} \in \tilde{X};$$

im anderen Falle könnte man X' durch Hinzunahme von $\tilde{x}$ vergrößern.
Da man (X', μ') auch durch die Hinzunahme von

$$\tilde{\mu}(\tilde{x}) - \mu'(X')$$

nicht vergrößern kann und diese Menge die Bedingung (2) unserer Definition für γ-maximale Partitionen nicht verletzt, muß die Bedingung (1) verletzt sein; d.h. es gilt

$$p_{\tilde{x}}(\tilde{\mu}(\tilde{x}) - \mu'(X')) < 1 - \gamma.$$

Aus der Identität

$$p_{\tilde{x}}(\tilde{\mu}(\tilde{x}) - [\tilde{\mu}(\tilde{x}) \cap \mu'(X')]) + p_{\tilde{x}}(\tilde{\mu}(\tilde{x}) \cap \mu'(X')) = p_{\tilde{x}}(\tilde{\mu}(\tilde{x})) \geq 1 - \alpha$$

für $\tilde{x} \in \tilde{X}$ und der darüber stehenden Ungleichung folgt

$$1 - \gamma + p_{\tilde{x}}(\tilde{\mu}(\tilde{x}) \cap \mu'(X') > 1 - \alpha$$

folgt

$$p_{\tilde{x}}(\tilde{\mu}(\tilde{x}) \cap \mu'(X')) > \gamma - \alpha$$

und hieraus durch Vergrößern der linken Seite

$$p_{\tilde{x}}(\mu'(X')) > \gamma - \alpha \quad \text{für} \quad \tilde{x} \in \tilde{X}.$$

Wegen $X' \cap \tilde{X} = \emptyset$ und $X', \tilde{X} \subseteq X$ gilt

$$\begin{aligned} p(\mu'(X')) &= \sum_{x \in X} p(x) \cdot p_x(\mu'(X')) \\ &\geq \sum_{x \in \tilde{X}} p(x) \cdot p_x(\mu'(X')) + \sum_{x \in X'} p(x) \cdot p_x(\mu'(X')) \\ &> (\gamma - \alpha)p(\tilde{X}) + (1-\gamma)p(X'). \end{aligned}$$

Aus der vorausgesetzten σ-Beschränktheit folgt nun

$$p(\mu'(X')) < N \cdot \sigma,$$

da $p(\mu'(x)) < \sigma$ für $x \in X'$ und $\mu'(x) \cap \mu'(x') = \emptyset$ für $x \neq x'$.
Also gilt

$$N \cdot \sigma > (\gamma - \alpha) \cdot p(\tilde{X}) + (1-\gamma)p(X'),$$

was zu zeigen war. □

Nun schließen wir den Beweis des Satzes ab.

Wir wählen die Eingangsverteilung (X, p) für den Kanal κ, so daß $R - H > 0$ ist. Eine solche Wahl ist möglich, da wir $C > H$ vorausgesetzt haben. γ wählen wir entsprechend unseren Sicherheitsanforderungen und setzen $\alpha = \frac{1}{2}\gamma$. Weiter wählen wir

$$\varepsilon = \frac{R-H}{4} \quad \text{und} \quad \delta_1, \delta_2, \quad \text{so daß} \quad 1 - \delta_2 - 2\frac{\delta_1}{\gamma} \geq \frac{1}{2}$$

ist. Ist U_1 die oben definierte Menge und

$$\sigma = 2^{-r \cdot (R - 2\varepsilon)} = 2^{-r(H + \frac{R-H}{2})},$$

dann ist (U_1, μ) mit $\mu(u) = A_u$ eine σ-beschränkte $\frac{\gamma}{2}$-Überdeckung von V. Nun gibt es eine σ-beschränkte γ-maximale Partition (U', μ') von V. Wir setzen $\tilde{U} = U_1 - U'$ und $\tilde{\mu} = \mu|\tilde{U}$. Nun wenden wir Lemma 3.3 an für $X = U$ und $Y = V$ und erhalten

$$\begin{aligned} N \cdot 2^{-r \cdot (H + \frac{R-H}{2})} &> \frac{\gamma}{2} \cdot p(\tilde{U}) + (1-\gamma)p(U') \\ &\geq p(U_1) \cdot \min\{\frac{\gamma}{2}, (1-\gamma)\} \geq \frac{1}{2} \min\{\frac{\gamma}{2}, 1-\gamma\} \end{aligned}$$

d.h.

$$N > 2^{r\cdot(H+\frac{R-H}{2})} \cdot \frac{1}{2}\min\{\frac{\gamma}{2}, 1-\gamma\} > 2^{r\cdot H}$$

für

$$r \cdot \frac{R-H}{2} + \log\frac{1}{2}\min\{\frac{\gamma}{2}, 1-\gamma\} > 0.$$

Diese Bedingung kann durch hinreichend große Wahl von r erfüllt werden, da $R - H > 0$ ist.

Wählen wir $L = U'$, dann ist mit dieser Wahl das Theorem erfüllt.

□

Ausblick

Die soweit dargestellte statistische Informationstheorie wurde auch auf Kanäle mit Gedächtnis ausgedehnt. Soweit nur ein endliches Gedächtnis in Frage kommt, wie es sich in den hier betrachteten Markovprozessen ausdrückt, kann man die Übertragbarkeit der Kodierungstheoreme plausibel machen: Die Bindung in der Wahrscheinlichkeit des Auftretens eines Ereignisses an ein Anfangsereignis nimmt mit dem Abstand von diesem im ergodischen Fall stark ab. Betrachtet man also Erweiterungen der Quelle und des Kanales, so wird deren Verhalten mit zunehmender Erweiterung mehr und mehr durch Quellen und Kanäle ohne Gedächtnis approximierbar. Beweise für diese Verallgemeinerungen folgen auch dieser Linie.

Im Falle unendlicher Gedächtnisse ist diese Argumentation nicht so überzeugend. Zunächst kann man natürlich feststellen, daß für Markovprozesse, die nicht nur eine Stufe, sondern $k > 1$ Stufen zurückgreifen, die gleiche Argumentation zutrifft. Bei großen Erweiterungen $X \rightarrow U = X^r$ der Quellen und Kanäle verliert die Bindung zwischen aufeinanderfolgenden Blöcken u_1, u_2 deutlich an Gewicht. Indem man nun Systeme mit unendlichem Gedächtnis durch solche mit endlichem Gedächtnis approximiert, wird man in den Fällen, wo das durch Systeme möglich ist, für die das Kodierungstheorem gilt, auch zu Kodierungstheoremen für den Fall unendlicher Gedächtnisse gelangen.

Für konkrete Anwendungen sind diese Resultate wohl nur dadurch wichtig, daß sie zu einem tieferen Verständnis auch des endlichen Falles führen. Eine Ausdehnung der Theorie in der unter der Überschrift *Anwendungen* vorgeführten Richtung scheint hingegen nicht nur interessant, sondern auch praktisch bedeutsam zu sein.

Das Zusammenspiel zwischen statistischer und algorithmischer Theorie ist natürlich und fruchtbar. Natürlich ist es deshalb, weil wir intuitiv statistische Vorgänge nicht algorithmisch (deterministisch) verstehen. Diese Idee führt zur algorithmischen Fassung des Begriffes der zufälligen Folgen, wie sie auf den Ideen von Chaitin und Kolmogoroff aufbauend gegeben wurden und vor allem von Schnorr auf meine Anregung hin durch die Einbeziehung komplexitätstheoretischer Aspekte verfeinert wurde.

Der Zugang zu einer solchen Fassung ergibt sich fast von selbst, wenn man die Kodierungstheoreme nicht als reine Existenzsätze im Raum stehen läßt, sondern sich auch über die technische Realisierung der Kodierungen Gedanken macht. Sobald man das tut, bemerkt man zweierlei:

(1) Realisiert man die Kodierungen und Dekodierungen auf einer festen universellen Maschine, dann kann man den Kode als ein Programm für die Dekodiermaschine auffassen, die Eingabefolge zu berechnen. Was kann man dann besseres tun, als kürzeste Programme für diesen Zweck auszunutzen? Damit werden zufällige Folgen, deren mittlere Länge, wie wir gezeigt haben, durch keine Kodierung komprimiert werden kann, zu Folgen, deren Beschreibung auch durch die Heranziehung von Computern im Mittel nicht verkürzt werden kann. Diese Idee hat Kolmogoroff umgesetzt in die folgende Definition einer zufälligen Folge:

$$x = x_1, x_2, x_3, \ldots$$

heißt $\mathcal{U}$*-zufällig*: $\Longleftrightarrow$ Es gibt $c \in \mathbb{N}$, so daß die Länge π_i von kürzesten Programmen p_i, die die Teilfolge $x(i) = x_1 \ldots x_i$ berechnen können, für alle i die Bedingung

$$|i - \pi_i| < c$$

erfüllt. Diese Definition war zu scharf, da hierin der *mittleren Länge* nicht gedacht wurde. Martin-Löf hat das Versehen bemerkt und die Definition in Ordnung gebracht, indem er *für alle i* ersetzte durch *unendlich viele.* Die Menge der im ersteren Sinn zufälligen Folgen ist leer, die Menge der im zweiten Sinne zufälligen Folgen besitzt das Maß 1.

Daß diese Definition sich sehr gut mit unserer Intuition verträgt, zeigt die Betrachtung von zwei Serien von Würfelwürfen: Die erste Serie bestehe aus

$$6, 6, 6, \ldots, 6 \qquad 10^9 \quad \text{mal},$$

die zweite sei

$$\alpha_1, \alpha_2, \alpha_3, \ldots, \alpha_{10^9}.$$

Niemand würde die erste Folge als zufällig bezeichnen, obwohl sie ebenso wahrscheinlich ist wie jede andere Wurfserie. Die erste Folge hat eine sehr einfache Beschreibung, die zweite wird in allen vorkommenden Fällen keiner einfachen Gesetzmäßigkeit genügen. Die erste Serie ließe sich durch einen Würfel, der auf jeder Seite eine 6 trägt, leicht realisieren. Einen Würfel zu konstruieren, der eine vorgegebene *zufällige Folge* erzeugt, dürfte dagegen schwierig sein.

(2) Die zweite Beobachtung besteht darin, daß sich ein optimaler Kode i.a. nicht leicht berechnen läßt, sondern eine Rechenzeit in der Größe der Anzahl der Kodeelemente erwarten läßt. Das hat aber zur Folge, daß die Vorschaltung des Kodierers zur Ausnutzung der Kanalkapazität die Kapazität des Kanales aus Kodierer, Kanal, Dekodierer wesentlich unter die ursprüngliche Kanalkapazität drücken kann. Somit muß man also, wenn man das Kodierungsproblem ernst nimmt, auch Komplexitätsaspekte ins Spiel bringen, was man in der rein statistischen Informationstheorie nicht getan hat, und auch nur schwer tun kann. In der algorithmisch begründeten Informationstheorie hat Schnorr das, wie oben bereits erwähnt, ohne den hier hergestellten Bezug getan. Aber auch in der Theorie der Chaitin-Kolmogoroff-Komplexität hat der Aspekt der *eingeschränkten Ressourcen* der Maschine $\mathcal{U}$ noch keine sehr ausgiebige Bearbeitung erfahren.

Historische Bemerkungen

Die statistische Informationstheorie wurde 1948 von *C. E. Shannon* [13] begründet. Von ihm stammen die Konzepte der Theorie und die grundlegenden Sätze. Allerdings dauerte es in einigen Fällen mehrere Jahre, bis die zum Teil skizzenhaften Beweise vervollständigt werden konnten. Der hier gegebene Beweis des Kodierungstheorems für gedächtnislose gestörte Kanäle geht auf *Feinstein* [4] zurück.

Die Entropie taucht als untere Schranke für Berechnungen auf einer konkreten Maschine erstmals in der Arbeit von *H. J. Stoß* [14] über Sortieren auf einer speziellen Turingmaschine auf. Ein erster Versuch zur systematischen Verwendung des Konzeptes für allgemeinere Maschinenklassen im Zusammenhang mit Umordnungsproblemen findet sich in der Dissertation von *W. J. Paul* [10]. Im Zusammenhang mit Suchproblemen hat *K. Mehlhorn*, der Nachfolger Pauls auf meiner Assistenstelle war, das Konzept erfolgreich erprobt, indem er ein Kodierungstheorem für ordnungserhaltende Kodierungen [7] bewies. Selbstorganisierende Suchbäume unter der Voraussetzung gedächtnisloser Quellen wurden von *B. Allen* und *I. Munro* [2] eingeführt und in zahlreichen Arbeiten weiter modifiziert und ausführlich untersucht. Hierzu sei z.B. auf die Bücher von *K. Mehlhorn* [8] verwiesen.

Eine erste systematische Darstellung unter dem Gesichtspunkt der Informationstheorie erfährt das Suchen und Sortieren in dem Buch von *Ahlswede* und *Wegener* [1]. Suchgraphen zur Konstruktion effizienter Suchverfahren bei Markovquellen wurden vom Autor 1992 eingeführt [5]. Eine Abschätzung von mittleren Such- und Sortierzeiten unter der Voraussetzung von *Problemquellen* scheint in diesem Skript erstmals vorzuliegen. Das bei dynamischen Suchverfahren erprobte Konzept der *Rotation zur Wurzel* wurde von *F. Schulz* auch für Markovprozesse näher untersucht [12]. Im Zusammenhang mit der k-fach verzögerten Rotation ergaben sich für Markovquellen wesentliche Unterschiede zum gedächtnislosen Fall.

Die Ansätze, mittels der Entropie untere Schranken für die Berechnung von Funktionen zu beweisen, beruhten auf der Idee von *Stoß* [9], Abbildungen durch eine Partitionierung des Definitions- und Zielbereiches einen statistischen Charakter zu geben. Wir haben hier einen anderen Weg verfolgt, indem wir den Darstellungssatz für $\mathbb{R}$-berechenbare Funktionen $f : \mathbb{R}^n \to \mathbb{R}$, nämlich

$$f(x) = \sum_{\sigma} a_\sigma(x) f_\sigma(x)$$

ins Spiel bringen. Hierin durchläuft σ die Menge der Signaturen eines Programmes zur Berechnung von f; $a_\sigma(x)$ ist die charakteristische Funktion der semialgebraischen Menge $\mathcal{A}_\sigma$, deren Elemente alle der gleichen Signatur (Entscheidungsfolge) folgen. $f_\sigma(x)$ ist das Polynom, das das Programm berechnet, wenn es der Signatur σ folgt. Hat man eine Wahrscheinlichkeitsdichte über $\mathbb{R}^n$, dann definieren wir die Wahrscheinlichkeit $p(\sigma)$ als das Integral über $\mathcal{A}_\sigma$. So erhalten wir eine Quelle $(\{\sigma\}, p)$ und den Anschluß an die Informationstheorie, die uns die mittlere Laufzeit von Algorithmen auf $\mathbb{R}$-Maschinen abzuschätzen gestattet.

Die tiefere Verbindung zwischen der Algorithmentheorie und einer Begründung des Begriffes der zufälligen Folgen, auf die verschiedentlich hingewiesen wurde, geht auf Arbeiten von *Kolmogorov* [6], *Chaitin* [3] und *Martin-Löf* zurück. Die Verfeinerung der Theorie durch das Einbeziehen von Ressourcenbeschränkungen geht auf *C. P. Schnorr* [11] zurück.

Aufgaben

Aufgaben zu Kapitel 1

1. **Aufgabe:** HAMMING-DISTANZ

   Seien $x = (x_1, \ldots, x_n)$, $y = (y_1, \ldots, y_n) \in \mathbb{B}^n = \{0,1\}^n$ zwei Bitvektoren der Länge n. Die Hamming-Distanz d zwischen x und y ist die Anzahl der Komponenten, in denen sich x und y unterscheiden:

   $$d(x,y) = \#\{i \mid x_i \neq y_i,\ i = 1, \ldots, n\}$$

   Zeigen Sie, daß $d(.,.)$ eine Metrik auf $\mathbb{B}^n$ ist.

2. **Aufgabe:** PRÄFIXFREIE KODIERUNG NATÜRLICHER ZAHLEN

   Sei $\text{bin}(n) = (b_k, b_{k-1}, \ldots, b_0)$ die übliche Binärdarstellung für $n = \sum_{i=0}^{k} b_i 2^i \in \mathbb{N}$, $k = \lfloor \log_2 n \rfloor$. Diese Darstellung ist nicht präfixfrei, kann aber präfixfrei gemacht werden, indem man die Länge der Darstellung in die Kodierung einbezieht. Geben Sie eine solche Kodierung für $n \in \mathbb{N}$ an und schätzen Sie ihre Länge ab. Können Sie Ihre Kodierung verbessern, d.h. die Länge verkürzen?

3. **Aufgabe:** POISSON-VERTEILUNG

   Seien X und Y zwei stochastisch unabhängige Poisson-verteilte Zufallsvariable mit Parameter $\lambda > 0$, d.h.

   $$\text{Prob}(X = k) = \text{Prob}(Y = k) = e^{-\lambda} \frac{\lambda^k}{k!} \qquad \text{für } k \in \mathbb{N}_0.$$

   Man bestimme die bedingte Verteilung von X unter der Bedingung $X + Y = n$, also $\text{Prob}(X = k | X + Y = n)$ für $k \in \mathbb{N}_0$.

   Was sind der Erwartungswert und die Varianz dieser bedingten Verteilung?

4. **Aufgabe:** WÄGEPROBLEM

Von 12 äußerlich gleich aussehenden Kugeln besitzen mindestens 11 Kugeln gleiches Gewicht. Höchstens eine der Kugeln hat abweichendes Gewicht, jedoch ist nicht bekannt, ob sie gleich schwer, leichter oder schwerer als die übrigen ist. Mit Hilfe einer Balkenwaage soll herausgefunden werden, ob eine der Kugeln abweichendes Gewicht besitzt, und wenn ja, welche es ist und ob sie leichter oder schwerer ist. Die Balkenwaage kann Gewichte nur vergleichen, aber nicht messen. Man zeige:

(a) Mindestens drei Wägungen sind nötig, um die Aufgabe zu lösen.

(b) Mit drei Wägungen kann man die Aufgabe lösen.

5. **Aufgabe:** KONVEXITÄT

(a) Die Funktion $\phi(x) = x \log x$ für $x > 0$, $\phi(0) = 0$, ist streng konvex, d.h.

$$\phi(\lambda x_1 + (1-\lambda)x_2) \leq \lambda\phi(x_1) + (1-\lambda)\phi(x_2) \quad \text{für} \quad 0 \leq \lambda \leq 1,$$

und Gleichheit gilt bei $x_1 \neq x_2$ nur für $\lambda = 0$, $\lambda = 1$.

(b) Sei $f : \mathbb{R} \to \mathbb{R}$ eine konvexe Funktion und X eine diskrete Zufallsvariable. Beweisen Sie die Ungleichung von Jensen: ($E(.)$ ist Erwartungswert)

$$E(f(X)) \geq f(E(X))$$

6. **Aufgabe:** KONKAVITÄT DER ENTROPIE

(a) Zeigen Sie die Log-Sum-Ungleichung mit Hilfe der Ungleichung von Jensen: Für $a_1, \ldots, a_m, b_1, \ldots, b_m \geq 0$ gilt

$$\sum_{i=1}^{m} a_i \log \frac{a_i}{b_i} \geq \left(\sum_{i=1}^{m} a_i\right) \log \frac{\sum_{i=1}^{m} a_i}{\sum_{i=1}^{m} b_i}$$

(b) Die Entropie-Funktion ist konkav, d.h. für zwei Wahrscheinlichkeitsvektoren $p = (p_1, \ldots, p_n)$ und $q = (q_1, \ldots, q_n)$ und $0 \leq \lambda \leq 1$ gilt:

$$H(\lambda p + (1-\lambda)q) \geq \lambda H(p) + (1-\lambda)H(q)$$

Hinweis: Benutzen Sie die Log-Sum-Ungleichung mit $m = 2$.

7. **Aufgabe:** BEDINGTE ENTROPIE

(a) Seien $\mathcal{A}, \mathcal{B}, \mathcal{C}$ endliche Alphabete und $\pi : \mathcal{A} \times \mathcal{B} \times \mathcal{C} \to [0,1]$ eine Wahrscheinlichkeitsverteilung.

$$H_{\mathcal{C}}(\mathcal{A}, \mathcal{B}) = H_{\mathcal{C}}(\mathcal{A}) + H_{\mathcal{A},\mathcal{C}}(\mathcal{B}) \leq H_{\mathcal{C}}(\mathcal{A}) + H_{\mathcal{C}}(\mathcal{B})$$

(b) Sei $p = (p_1, \ldots, p_n)$ eine Wahrscheinlichkeitsverteilung. Die Gruppierungseigenschaft der Entropie lautet:

$$H(p_1, \ldots, p_n) = H(p_1 + p_2, p_3, \ldots, p_n) + (p_1 + p_2) H\left(\frac{p_1}{p_1 + p_2}, \frac{p_2}{p_1 + p_2}\right)$$

8. **Aufgabe:** SIMULATION FAIRER MÜNZEN

(a) Seien $\mathcal{A}, \mathcal{B}$ endliche Alphabete, $p : \mathcal{A} \to [0,1]$ eine Wahrscheinlichkeitsverteilung auf $\mathcal{A}$ und $f : \mathcal{A} \to \mathcal{B}$ eine Abbildung. Es gilt:

$$H(\mathcal{A}) \geq H(f(\mathcal{A}))$$

Hinweis: Man verifiziere folgende Ungleichungskette:

$$\begin{aligned} H(\mathcal{A}) &= H(\mathcal{A}) + H_{\mathcal{A}}(f(\mathcal{A})) \\ &= H(\mathcal{A}, f(\mathcal{A})) \\ &= H(f(\mathcal{A})) + H_{f(\mathcal{A})}(\mathcal{A}) \\ &\geq H(f(\mathcal{A})) \end{aligned}$$

(b) Seien $(X_1, \ldots, X_n)$ die Ergebnisse unabhängiger Würfe einer eventuell unfairen Münze, d.h. $\text{Prob}(X_i = 1) = p$ und $\text{Prob}(X_i = 0) = 1 - p$, wobei p unbekannt ist. Aus dieser Folge soll eine Folge $(Z_1, \ldots Z_k)$ fairer Münzwürfe erzeugt werden durch eine Funktion $f : \mathbb{B}^n \to \mathbb{B}^*$, $(X_1, \ldots, X_n) \mapsto (Z_1, \ldots, Z_k)$, wobei k vom Argument von f abhängen kann. Ziel ist, daß für gegebenes k alle 2^k Folgen $(Z_1, \ldots, Z_k)$ die gleiche Wahrscheinlichkeit (eventuell 0) besitzen sollen.

Zum Beispiel gilt für $n = 2$, daß die Abbildung $f(01) = 0$, $f(10) = 1$, $f(00) = f(11) = \varepsilon$ die folgende Eigenschaft besitzt:
$\text{Prob}(Z_1 = 1 | k = 1) = \text{Prob}(Z_1 = 0 | k = 1) = 1/2$.

i. Wie lautet eine gute Abbildung f für $n = 4$?

ii. Im Durchschnitt können höchstens $nH(p)$ faire Münzwürfe aus $(X_1, \ldots, X_n)$ erhalten werden. Man verifiziere folgende Ableitung.

$$\begin{aligned} nH(p) &= H(X_1, \ldots, X_n) \\ &\geq H(Z_1, \ldots, Z_k, k) \\ &= H(k) + H_k(Z_1, \ldots, Z_k) \\ &= H(k) + E(k) \\ &\geq E(k) \end{aligned}$$

9. **Aufgabe:** PRÄFIXFREIE KODIERUNG

Sei $\mathcal{A} = \{a, b, c, d\}$ eine Quelle und p eine Wahrscheinlichkeitsverteilung auf $\mathcal{A}$ mit $p(a) = 1/2$, $p(b) = 1/4$, $p(c) = 1/8$, $p(d) = 1/8$.

(a) Was ist die Entropie der Quelle?

(b) Wie ist die erwartete Länge des Binärkodes c mit $c(a) = 0$, $c(b) = 01$, $c(c) = 001$, $c(d) = 011$?

(c) Ist obiger Kode eindeutig dekodierbar? Können Sie einen präfixfreien Kode mit gleichen Kodewortlängen finden?

10. **Aufgabe:** HUFFMAN-KODIERUNG

Sei $\mathcal{A} = \{1, \ldots, n\}$ eine Quelle und $p : \mathcal{A} \to [0, 1]$ eine Wahrscheinlichkeitsverteilung auf $\mathcal{A}$. Eine binäre Huffman-Kodierung $c : \mathcal{A} \to \{0, 1\}^*$ wird folgendermaßen berechnet:

1. Ordne $p(1), \ldots, p(n)$, so daß $p(i_1) \geq \cdots \geq p(i_n)$.
2. Falls mehr als zwei Quellsymbole vorliegen, fasse die beiden Symbole i und j mit den kleinsten Wahrscheinlichkeiten zu einem neuen Symbol (i, j) mit $p((i, j)) := p(i) + p(j)$ zusammen. Streiche i, j und $p(i), p(j)$, füge das neue Symbol (i, j) hinzu und ordne $p((i, j))$ in die Liste der Wahrscheinlichkeiten ein.
   Dieser Schritt wird so lange wiederholt, bis nur noch zwei Symbole vorliegen. Es ist optimal, ihnen die Kodeworte 0 und 1 zuzuordnen.
3. Durchlaufe den Prozeß des Stufe 2 in umgekehrter Reihenfolge. Falls i und j zu (i, j) zusammengefaßt wurden, und $c((i, j))$ das Kodewort für (i, j) ist, dann seien $c(i) = c((i, j)) \cdot 0$ und $c(j) = c((i, j)) \cdot 1$ die Verlängerungen von $c((i, j))$ um 0 bzw. 1.
4. $C = \{c(1), \ldots, c(n)\}$ ist ein Huffman-Kode für $(\mathcal{A}, p)$.

(a) Wieviele Rechenschritte benötigt dieses Verfahren?

(b) Sei $\mathcal{A} = \{1, 2, 3, 4, 5\}$ mit den zugehörigen Wahrscheinlichkeiten $p = (0.25, 0.25, 0.2, 0.15, 0.15)$ eine Quelle.

   i. Berechnen Sie einen binären Huffman-Kode für $(\mathcal{A}, p)$.

   ii. Bei Kodierung über einem r-nären Alphabet wird obiges Verfahren entsprechend abgewandelt: die r Elemente mit den kleinsten Wahrscheinlichkeiten werden zusammengefaßt, usw., bis nur noch r Symbole übrig sind; diese werden mit $0, \ldots, r-1$ optimal kodiert. Berechnen Sie einen ternären Huffman-Kode für $(\mathcal{A}, p)$.

11. **Aufgabe:** OPTIMALITÄT DER HUFFMAN-KODIERUNG

Sei $\mathcal{A} = \{1, \ldots, n\}$ und $p : \mathcal{A} \to [0,1]$ eine Wahrscheinlichkeitsverteilung auf $\mathcal{A}$. In dieser Aufgabe soll gezeigt werden, daß keine Kodierung $c : \mathcal{A} \to \{0,1\}^*$ der Quelle $(\mathcal{A}, p)$ geringere erwartete Kodewortlänge aufweist als eine Huffman-Kodierung.
Zeigen Sie: es gibt einen optimalen präfixfreien Kode mit Kodewortlängen $l_1, \ldots, l_n$, für den folgendes gilt:

(a) Für $p_i > p_j$ ist $l_i \leq l_j$.

(b) Die zwei längsten Kodeworte haben die gleiche Länge.

(c) Die zwei längesten Kodeworte unterscheiden sich nur in der letzten Stelle und gehören zu zwei Symbolen mit kleinsten Wahrscheinlichkeiten.

Hinweis: Sei ein beliebiger optimaler präfixfreier Kode als Baum dargestellt. Durch Umhängen von Zweigen im Baum kann man immer obige Bedingungen erfüllen.
Also kann die Suche nach optimalen Kodes eingeschränkt werden auf Kodes, die obige Eigenschaften besitzen. Zeigen Sie, daß jeder Schritt des Huffman-Verfahrens ein Optimum unter obigen Kodes findet.

12. **Aufgabe:** ALPHABETISCHE KODIERUNGEN

Die der Kraft'schen Ungleichung entsprechende hinreichende Bedingung für die Existenz ordnungserhaltender präfixfreier Kodierungen über einem Alphabet der Größe $m = 2$ lautet

$$\sum_{a \in \mathcal{A}} 2^{-i(a)} \leq \frac{1}{2} \quad .$$

Wie lautet die Bedingung für beliebige $m \geq 2$?

13. **Aufgabe:** SHANNON-FANO KODIERUNG

Sei $(\mathcal{A}, p)$ eine Quelle, $\mathcal{A} = \{1, \ldots, n\}$. Definiere die kumulative Verteilungsfunktion $F(a) = \sum_{b \leq a} p(b)$, sowie die Abwandlung $\bar{F}(a) = \sum_{b<a} p(b) + p(a)/2$. Seien alle $p(a) > 0$.

(a) Begründe, warum man a aus $\bar{F}(a)$ eindeutig bestimmen kann.

Man kann also $\bar{F}(a)$ als Kodierung für a verwenden. Im allgemeinen hat $\bar{F}(a)$ aber unendlich viele Binärstellen. Es genügt allerdings, wenn man $\bar{F}(a)$ abgerundet auf $i(a)$ Stellen (bezeichnet als $\lfloor \bar{F}(a) \rfloor_{i(a)}$) betrachtet, so daß also gilt:

$$\bar{F}(a) - \lfloor \bar{F}(a) \rfloor_{i(a)} < \frac{1}{2^{i(a)}}$$

(b) Zeigen Sie, daß $i(a) = \lceil \log 1/p(a) \rceil + 1$ ausreicht, um a eindeutig zu bestimmen.

(c) Zeigen Sie, daß der dadurch definierte Kode präfixfrei ist. Fassen Sie dazu jedes Kodewort $z_1 \dots z_i$ als Intervall $[0.z_1 \dots z_i, 0.z_1 \dots z_i + 2^{-i}]$ auf. Warum folgt aus der Disjunktheit der Intervalle die Präfixfreiheit?

(d) Für den oben definierten Kode gilt für die erwartete Kodewortlänge

$$E < H(\mathcal{A}) + 2$$

(e) Seien für $\mathcal{A} = \{1, 2, 3, 4\}$ definiert: $p_1 = 1/2$, $p_2 = 1/4$, $p_3 = 1/8$, $p_4 = 1/8$. Berechnen Sie eine Shannon-Fano-Kodierung.

14. **Aufgabe:** ARITHMETISCHE KODIERUNG

Unter arithmetischer Kodierung versteht man ein sequentielles Kodierungs-Verfahren, bei dem man auf geschickte Weise die Blockgröße r bei der Kodierung von Worten aus $\mathcal{A}^r$ erhöht. Es basiert auf der Shannon-Fano-Kodierung der vorherigen Aufgabe und setzt voraus, daß für $a \in \mathcal{A}^r$ auch $p(a)$ effizient berechnet werden kann. Als Kodierung für $a \in \mathcal{A}^r$ wird wieder $\lfloor \bar{F}(a) \rfloor_{i(a)}$ mit $i(a) = \lceil \log 1/p(a) \rceil + 1$ und $\bar{F}(a) = F(a) + p(a)/2$ benutzt.

(a) Zeigen Sie, daß man $F(a) = \sum_{\substack{b \leq a \\ b \in \mathcal{A}^r}} p(b)$ effizient berechnen kann. Hinweis: Man betrachte den vollständigen binären Baum der Tiefe r und summiere über alle Teilbäume links von a. An welchen Stellen beginnt ein solcher Teilbaum?

(b) Zeigen Sie, wie man für $a_1 \dots a_r \in \mathcal{A}^r$ und $a_{r+1} \in \mathcal{A}$ aus $p(a_1 \dots a_r)$ den Wert für $p(a_2 \dots a_{r+1})$ erhält, wenn die Quellsymbole unabhängig sind.

15. **Aufgabe:** ALPHABETISCHE KODES

Sei das Alphabet $\mathcal{A} = \{1, 2, 3, 4, 5\}$ mit der durch die Ordnung auf N induzierten Ordnung $\leq$ versehen. Sei $p(1) = 0.15$, $p(2) = 0.25$, $p(3) = 0.2$, $p(4) = 0.15$, $p(5) = 0.25$ eine Wahrscheinlichkeitsverteilung auf $\mathcal{A}$.

Man gebe eine binäre Kodierung von $\mathcal{A}$ an, bei der die lexikographischen Ordnung der Kodewörter die Ordnung auf den Quellsymbolen beachtet (alphabetischer Kode). Wie groß ist die erwartete Suchzeit?

16. **Aufgabe:** OPTIMALE SUCHBÄUME

Sei $(\mathcal{A}, p)$ eine Quelle, $\mathcal{A} = \{1, \dots, n\}$. Weiter seien für $1 \leq i \leq j \leq n$ definiert: $w_{ij} = p_i + \dots + p_j$ und E_{ij} die mittlere Suchzeit in einem optimalen Baum für $\{i, \dots, j\}$ mit Wahrscheinlichkeiten p_l/w_{ij} $(l = i, \dots, j)$.

Zeigen Sie die folgende Rekursion:

$$
\begin{aligned}
E_{i,i-1} &= 0 \\
w_{ij}E_{ij} &= w_{ij} + \min_{i \le k \le j}(w_{i,k-1}E_{i,k-1} + w_{k+1,j}E_{k+1,j}) \qquad \text{für } i \le j
\end{aligned}
$$

Wie erhält man aus einer Lösung dieses Systems einen optimalen Suchbaum?

17. **Aufgabe:** MOVE-TO-FRONT – KOMPRESSION

Mit Hilfe von selbst-organisierenden Listen mit der Nach-Vorne-Schieben-Regel kann eine Quelle $(\mathcal{A}, p)$ effizient kodiert werden. Sender und Empfänger unterhalten je eine Liste mit den Zeichen aus $\mathcal{A}$, zu Beginn müssen die beiden Listen in der gleichen Reihenfolge sein. Für jedes Zeichen a der Quelle gibt der Kodierer eine präfixfreie Kodierung der aktuellen *Position* von a in der Liste aus, und wendet die Nach-Vorne-Schieben-Regel an. Der Dekodierer findet an der entsprechenden Position in seiner Liste das von der Quelle gesendete Zeichen und wendet ebenfalls die Regel an.

Durch dieses Verfahren wird eine Folge von Quellsymbolen in eine Folge von Positionen (Zahlen aus $\{1, \ldots, \#\mathcal{A}\}$) transformiert. Die Positionen können zum Beispiel mit dem Verfahren von Aufgabe 2 präfixfrei kodiert werden. Dabei wird $j \ge 1$ mit $1 + \lfloor \log j \rfloor + 2\lfloor \log(1 + \log j) \rfloor$ Bits dargestellt.

Zeigen Sie, daß mit diesem Schema ein Quellsymbol im Mittel mit höchstens

$$1 + H + 2\log(1 + H)$$

Bits kodiert werden kann, wenn H die Entropie der Quelle ist.

18. **Aufgabe:** KONVEXE HÜLLE

Wir betrachten eine Menge S von N Punkten, die gleichverteilt und unabhängig voneinander im Einheitsquadrat liegen. Die Wahrscheinlichkeit, daß ein bestimmter Punkt in einem vorgegebenen Flächenstück der Größe d innerhalb des Einheitsquadrats liegt, ist also $d/1 = d$. Das Einheitsquadrat sei folgendermaßen aufgeteilt:

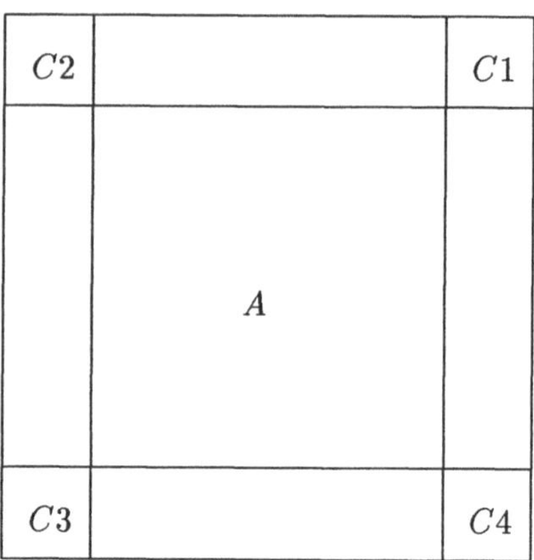

Die Seitenlänge der kleinen Quadrate $C1$, $C2$, $C3$, $C4$ sei s, die Seitenlänge des großen Quadrats A ist $1 - 2s$.

Sei *CH* ein bekannter Algorithmus, der die konvexe Hülle von n Punkten in Zeit $O(n \log n)$ berechnet. Betrachte folgendes Verfahren.

1. Teste, welche Punkte in A liegen, und ob es Punkte gibt, die in Ci liegen, $i = 1, \ldots, 4$.
2. Wenn es ein Ci gibt, in dem kein Punkt liegt, dann berechne die konvexe Hülle von ganz S mit dem gegebenen Verfahren *CH*.
3. Wenn in jedem Ci mindestens ein Punkt liegt, dann berechne die konvexe Hülle der Punkte in $S - A$. Das ist auch die konvexe Hülle aller Punkte.

Zeigen Sie, daß obiges Verfahren die konvexe Hülle der N gleichverteilten Punkte in erwarteter Zeit $O(N)$ berechnet, wenn man $s = \sqrt{\ln(N)/N}$ setzt.

19. **Aufgabe**:

In dem Verfahren zur Berechnung der konvexen Hülle von t Punkten in der Ebene wurde benutzt, daß

$$\frac{t}{2^l} > (8l)^4$$

eine hinreichende Bedingung dafür ist, daß mit Wahrscheinlichkeit $> 1/2$ in jedem Eckfeld von $\text{Ring}^{(l)}$ mindestens ein Punkt liegt (siehe Seite 58).

Zeigen Sie diese Aussage. Können Sie die Bedingung abschwächen?

Aufgaben zu Kapitel 2

1. **Aufgabe:** IRRFAHRT MIT ABSORBIERENDEN RÄNDERN

   Für $0 < p < 1$ sei eine Markov-Kette P mit den Zuständen $\{1, \ldots, n\}$ durch folgendes Diagramm definiert.

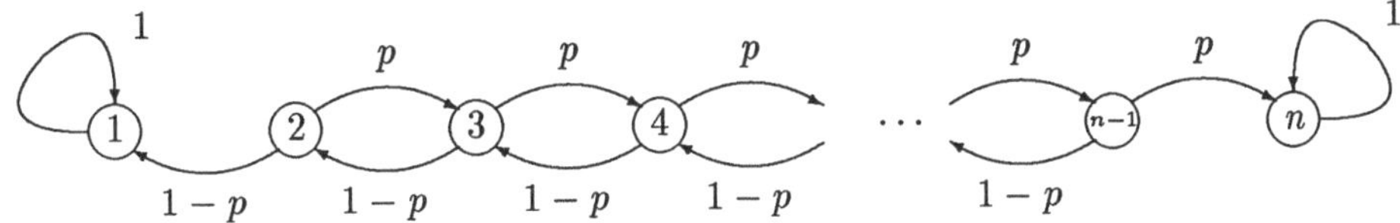

   (a) Klassifizieren Sie die Zustände und gebe die Übergangsmatrix von P an.

   (b) Ein Teilchen werde in Position j ($j = 1, \ldots, n$) gestartet. Sei q_1 die Wahrscheinlichkeit der Absorption in Zustand 1, und q_n die Wahrscheinlichkeit der Absorption in n. Man berechne q_1 und q_n.

   (c) Nach wievielen Schritten im Mittel wird das Teilchen absorbiert?

   Hinweis zu (b) und (c): Fallunterscheidung $p \neq 1/2$ und $p = 1/2$.

2. **Aufgabe:** ENTROPIE EINER MARKOV-KETTE

   Für $0 \leq \alpha \leq 1$ und $0 \leq \beta \leq 1$ sei P eine Markov-Kette auf $\{1, 2\}$ mit Übergangsmatrix

$$P = \begin{pmatrix} \alpha & 1-\alpha \\ 1-\beta & \beta \end{pmatrix} .$$

   (a) Man berechne die Übergangswahrscheinlichkeiten $p_{ij}(t)$.

   (b) Für welche Werte (α, β) hat P folgende Eigenschaften:

      i. jeder Zustand i ist aperiodisch, d.h. es gibt keine Periode $d > 1$, so daß $p_{ii}(t) \neq 0$ nur für $t = ds$, $s \in \mathbb{N}$.

      ii. jeder Zustand i ist kein Nullzustand, d.h. der Erwartungswert der Zeitdauer bis zum Wiedereintritt in i ist endlich.

   (Diese Eigenschaften bedeuten die Ergodizität der Markov-Kette.) Wie lautet die stationäre Verteilung von P?

   (c) Berechnen Sie die Entropie $H(P)$ in Abhängigkeit von (α, β).

3. **Aufgabe:** ENTROPIE EINER MARKOV-KETTE

Sei $0 < \alpha < 1$ und $\beta = (1-\alpha)/(n-1)$. Betrachte die Markov-Kette P auf $\{1, \ldots, n\}$ mit Übergangswahrscheinlichkeiten

$$p_{ij} = \left\{ \begin{array}{ccc} \alpha & : & i = j \\ \beta & : & i \neq j \end{array} \right\} .$$

Wie lautet die stationäre Verteilung q der Markov-Kette? Berechnen Sie die Entropie $H(q)$ der stationären Verteilung und die Entropie $H(P)$ der Markov-Kette in Abhängigkeit von α.

4. **Aufgabe:** REDUKTION DES SUCHGRAPHEN

Wenn eine markov'sche Quelle (A, π) das Phänomen der Lokalität aufweist, dann kann der Suchgraph für diese Quelle verkleinert werden, ohne daß die mittlere Suchzeit wesentlich verschlechtert wird.

Sei der Zustandsraum A in k Teilmengen partitionierbar, so daß Übergänge zwischen Elementen verschiedener Teilmengen nur mit einer Wahrscheinlichkeit $\leq \varepsilon/n$ auftreten, $n = \#A$.

$$\begin{aligned} A &= A_1 \cup \cdots \cup A_k \\ p_{ij} &\leq \varepsilon/n \qquad \text{für } \; i \in A_a, j \in A_b, a \neq b \end{aligned}$$

Dann gilt für die erwartete Suchzeit $\tilde{E}(A, \pi)$ im reduzierten Suchgraphen $\tilde{G}$, daß

$$\tilde{E}(A, \pi) \leq H(\pi) + 2 + \varepsilon \cdot n ,$$

wobei $H(\pi)$ die Entropie der Markov-Kette ist.

5. **Aufgabe:** NACH-VORNE-SCHIEBEN BEI MARKOV-KETTEN

Sei $q = (q_i)_{i=1,\ldots,n}$ eine Wahrscheinlichkeitsverteilung mit $q_i > 0$, und sei $0 < \lambda \leq 1$. Betrachten Sie die spezielle Übergangsmatrix einer Markov-Kette

$$P = \lambda \cdot Q + (1-\lambda) \cdot I$$

wobei Q die Matrix unabhängiger Übergänge mit Verteilung q und I die Einheitsmatrix ist.

(a) Für die Potenzen von P gilt (Hinweis: $Q^2 = Q$, $PQ = QP = Q$)

$$P^m = Q + (1-\lambda)^m (I - Q)$$

(b) Die erwarteten Erst-Eintritts-Zeiten sind

$$m_{ij} = \frac{1 + \delta_{ij}(\lambda - 1)}{\lambda q_j}$$

(c) Für die erwartete Suchzeit der Nach-Vorne-Schieben-Regel bei Zugriffen gemäß P gilt

$$\mu(P) \; = \; \lambda \cdot \mu(Q) + (1 - \lambda)$$

wobei $\mu(Q)$ die Suchzeit bei unabhängigen Zugriffen mit Verteilung q ist.

6. **Aufgabe:** LINEARZEIT-SORTIEREN BEI MARKOV-QUELLEN

Sei $\mathcal{A} = \{a_1 < \cdots < a_n\}$ ein geordnetes Alphabet und $(\mathcal{A}, P)$ eine Markov-Quelle.
Beschreiben Sie, wie man eine Folge

$$a_{i_1}, a_{i_2}, \ldots, a_{i_t}$$

von t Symbolen dieser Quelle sortiert, so daß für die erwartete Laufzeit $E(P,t)$ gilt:

$$t \cdot H(P) \; \leq \; E(P,t) \; < \; t \cdot (H(P) + 2)$$

Unter welchen Voraussetzungen gilt obiges Resultat?

7. **Aufgabe:** TIMESTAMP-REGEL BEI UNABHÄNGIGEN ZUGRIFFEN

Die TIMESTAMP-Regel für Listen ist folgendermaßen definiert:

> Schiebe das nachgefragte Element i vor das erste Element in der Liste, das seit dem letzten Zugriff auf i höchstens einmal nachgefragt wurde. Falls i noch nie nachgefragt wurde, bleibt seine Position unverändert.

Betrachte Listenelemente $\{a_1, \ldots, a_n\}$ mit Zugriffswahrscheinlichkeiten $p_1, \ldots, p_n$

(a) Die asymptotische Wahrscheinlichkeit, daß j vor i steht, ist

$$b(j,i) \; = \; \frac{p_j^3 + 3p_j^2 p_i}{(p_i + p_j)^3} \quad .$$

Hinweis: Betrachte nur Paare $i \neq j$. Es genügt, die drei letzten Zugriffe auf i oder j zu betrachten. Dafür gibt es $2^3 = 8$ Fälle. In vier dieser Fälle steht j vor i, nämlich dann, wenn die Mehrheit der drei Zugriffe auf j gerichtet war.

(b) Die erwartete Suchzeit ist

$$\mu_{\mathrm{TS}}(p) \; = \; \sum_{i \leq j} \frac{p_i p_j}{p_i + p_j} \cdot \left(2 - \frac{(p_i - p_j)^2}{(p_i + p_j)^2}\right) \quad .$$

(c) Für alle unabhängigen Verteilungen sind die erwarteten Suchkosten nicht höher als beim Nach-Vorne-Schieben ($\mu_{\mathrm{MTF}}(p) = 2 \sum_{i \leq j} \frac{p_i p_j}{p_i + p_j}$).

8. **Aufgabe:** TIMESTAMP-REGEL BEI MARKOV-ZUGRIFFEN

Sei $P = (p_{ij})$ eine Markov-Kette auf $\{a_1, \ldots, a_n\}$ mit stationärer Verteilung (q_i) und mittleren Erst-Eintritts-Zeiten m_{ij}:

(a) Die Wahrscheinlichkeit, daß j vor i steht beim Zugriff auf i, ist:

$$b(j, i|i) = \frac{m_{ii} \cdot [2(m_{ij} + m_{ji})^2 - (m_{ii} + 2m_{jj})(m_{ij} + m_{ji}) + 2m_{ii}m_{jj}]}{(m_{ij} + m_{ji})^3}$$

Hinweis: Man berechne die Wahrscheinlichkeiten der vier oben genannten Fälle unter der Voraussetzung, daß gerade auf i zugegriffen wird, und summiere diese.

(b) Für die erwartete Suchzeit bei Markov-Zugriffen folgt:

$$\mu_{\mathrm{TS}}(P) = 1 + \sum_{j \neq i} \frac{2(m_{ij} + m_{ji})^2 - (1/q_i + 2/q_j)(m_{ij} + m_{ji}) + 2/(q_i q_j)}{(m_{ij} + m_{ji})^3}$$

(c) Zeigen Sie, daß im Beispiel $p_{ii} = \alpha$, $p_{ij} = \beta$ $(i \neq j)$ und $0 < \alpha < 1$ gilt:

$$\mu_{\mathrm{TS}} = 1 + n \cdot (1 - \alpha) - \frac{3n^2}{4(n-1)} \cdot (1 - \alpha)^2 + \frac{n^3}{4(n-1)^2} \cdot (1 - \alpha)^3$$

Folgern Sie: für alle Werte $\alpha \geq 1/n$ (Lokalität) sind die erwarteten Suchkosten nicht niedriger als beim Nach-Vorne-Schieben
($\mu_{\mathrm{MTF}} = 1 + (1 - \alpha) \cdot n/2$).

Aufgaben zu Kapitel 3

1. **Aufgabe:** BINÄRER SYMMETRISCHER KANAL

Der binäre symmetrische Kanal (*binary symmetric channel*) auf dem Ein- und Ausgangsalphabet $\mathcal{X} = \mathcal{Y} = \{0, 1\}$ ist für $\varepsilon \geq 0$ folgendermaßen definiert:

$$\begin{aligned} p_y(x) &= 1 - \varepsilon \quad \text{für} \quad x = y \\ p_y(x) &= \varepsilon \quad \text{für} \quad x \neq y \end{aligned}$$

Man berechne die Kanalkapazität $C_\kappa = \max_{p \in D(\mathcal{X})} H(\mathcal{X}) - H_{\mathcal{Y}}(\mathcal{X})$.

2. **Aufgabe:** (7,4)-HAMMING-KODE

Betrachten Sie folgendes Verfahren, um Quellwörter $a = (a_1, a_2, a_3, a_4) \in \mathbb{B}^4$ zu kodieren.

$$a \mapsto x = a \cdot G \in \mathbb{B}^7$$

mit der *Generatormatrix* $G = (I_4|A)$:

$$G = \begin{pmatrix} 1 & 0 & 0 & 0 & 1 & 0 & 1 \\ 0 & 1 & 0 & 0 & 1 & 1 & 1 \\ 0 & 0 & 1 & 0 & 1 & 1 & 0 \\ 0 & 0 & 0 & 1 & 0 & 1 & 1 \end{pmatrix} .$$

Dadurch wird ein (7,4)-Hamming-Kode definiert.

(a) Zeige, daß die Menge der Kodewörter $C = \{x = a \cdot G : a \in B^4\} \subset \mathbb{B}^7$ einen 4-dimensionalen Unterraum des Vektorraums $\mathbb{B}^7$ bildet, wobei $(\mathbb{B}, +, \cdot)$ mit Addition und Multiplikation modulo 2 der zugrundeliegende Körper ist.

Bemerkung: Ein Kode $C \subset \mathbb{B}^N$, der k-dimensionaler Unterraum von $\mathbb{B}^N$ ist, heißt *linearer Kode* oder $[N,k]$-*Kode.*

(b) Die *Kontrollmatrix* $H := (-A^T|I_{N-k})$ ist

$$H = \begin{pmatrix} 1 & 1 & 1 & 0 & 1 & 0 & 0 \\ 0 & 1 & 1 & 1 & 0 & 1 & 0 \\ 1 & 1 & 0 & 1 & 0 & 0 & 1 \end{pmatrix} .$$

Zeigen Sie: $x \in C \iff x \cdot H^T = 0.$

(c) Sei $y \in \mathbb{B}^7$ ein empfangenes Wort. Erläutern Sie, wie man aus dem *Syndrom*

$$s = y \cdot H^T \in \mathbb{B}^3$$

das gesendete Wort $x \in \mathbb{B}^7$ rekonstruieren kann unter der Annahme, daß während der Übertragung höchstens ein Bit verändert wurde.

(d) Kodieren Sie die Wörter $a = (0001)$ und $a' = (0110)$. Dekodieren Sie die Wörter $y = (1011001)$, $y' = (1001011)$, $y'' = (0110101)$ und $y''' = (0110100)$ unter Anwendung obiger Regel für die Fehlerkorrektur.

3. **Aufgabe:** HINTEREINANDERSCHALTUNG BINÄRER SYMMETRISCHER KANÄLE

Seien $\kappa_1, \ldots, \kappa_m$ binäre symmetrische Kanäle (siehe Aufgabe 1 zu diesem Kapitel) mit jeweils gleichen Fehlerwahrscheinlichkeiten ε $(0 < \varepsilon < 1)$. Diese Kanäle werden zu einem Gesamtkanal $\kappa(m)$ hintereinandergeschaltet.

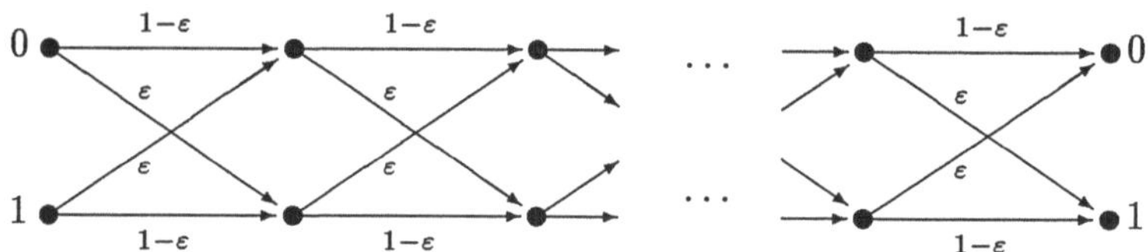

Berechnen Sie die Kapazität $C_{\kappa(m)}$ für alle m. Was ergibt sich für $m \to \infty$?

4. **Aufgabe:** KAPAZITÄT DES SUMMENKANALS

Seien X_1, X_2 sowie Y_1, Y_2 jeweils disjunkte Ein- bzw. Ausgangsalphabete und $X = X_1 \cup X_2$, $Y = Y_1 \cup Y_2$. Seien weiter zwei Kanäle $\kappa_i : X_i \to D(Y_i)$ mit Kapazitäten C_i durch die Kanalmatrizen P_i gegeben ($i = 1, 2$), d. h. $p_x(y) = (P_i)_{xy}$.

Betrachten Sie den Summenkanal, dessen Übergangswahrscheinlichkeiten $p_x(y)$ folgendermaßen definiert sind:

$$P = (p_x(y)) = \begin{pmatrix} P_1 & 0 \\ 0 & P_2 \end{pmatrix} .$$

Man zeige: Für die Kapazität C des Summenkanals folgt:

$$2^C = 2^{C_1} + 2^{C_2} .$$

Hinweis: Man betrachte den Summenkanal als zwei Kanäle, wobei Kanal i mit Wahrscheinlichkeit p_i gewählt wird ($i = 1, 2$). Die Kanalkapazität wird erreicht durch $p_i = 2^{C_i - C}$.

5. **Aufgabe:** MINIMUM DISTANCE - DEKODIERUNG

Sei $C = \{c_1, \ldots, c_M\} \subset X = \mathbb{B}^m$ ein Kode mit Minimalabstand

$$d(C) = \min_{i \neq j} d(c_i, c_j) \quad ,$$

wobei $d(.,.)$ die Hamming-Distanz auf $\mathbb{B}^m$ ist (Aufgabe 1 zu Kapitel 1).

Bei der Minimum Distance - Dekodierung wird dem empfangenen $y \in Y = X$ ein Kodewort $x \in C$ zugeordnet, was den Hamming-Abstand minimiert:

$$\forall x' \in C : \quad d(x, y) \leq d(x', y)$$

Man zeige: Besitzt der Kode C einen Minimalabstand $d = d(C)$, dann werden bei der MD-Dekodierung bis zu $\lfloor \frac{1}{2}(d-1) \rfloor$ Fehler korrigiert.

6. **Aufgabe:** MAXIMUM LIKELIHOOD - DEKODIERUNG

Sei $C = \{c_1, \ldots, c_M\} \subset X = \mathbb{B}^m$ ein Kode. Bei der Maximum Likelihood - Dekodierung wird dem empfangenen $y \in Y = X$ ein Kodewort $x \in C$ zugeordnet, bei dessen Sendung die bedingte Wahrscheinlichkeit des Empfangs von y maximiert wird:

$$\forall x' \in C: \quad \mathrm{Prob}(y|x) \geq \mathrm{Prob}(y|x') \quad ,$$

wobei $\mathrm{Prob}(y|x)$ die Übergangswahrscheinlichkeiten des Kanals sind.

Man zeige, daß bei einem binären symmetrischen Kanal mit $0 \leq \varepsilon \leq 1/2$ die MD-Dekodierung und die ML-Dekodierung äquivalent sind (obwohl bei der MD-Dekodierung der Kanal unbekannt ist).

Literaturverzeichnis

[1] R. Ahlswede and I. Wegener. *Suchprobleme.* Teubner Verlag, 1979.

[2] B. Allen and I. Munro. Self-organizing binary search trees. *Journal of the ACM*, 25(4):526–535, 1978.

[3] G. J. Chaitin. On the length of programs for computing finite binary sequences. *Journal of the ACM*, 13:547–569, 1966.

[4] A. Feinstein. *Foundations of Information Theory.* McGraw-Hill Book Comp., 1958.

[5] G. Hotz. Search trees and search graphs for markov sources. *Journal of Information Processing and Cybernetics*, 29:283–292, 1993.

[6] A. N. Kolmogorov. Drei Zugänge zur Definition des Begriffs der Wahrscheinlichkeit (*auf russisch*). *Probleme Peredači Inform.*, 1:3–11, 1965.

[7] K. Mehlhorn. Nearly optimum binary search trees. *Acta Informatica*, 5:287–295, 1975.

[8] K. Mehlhorn. *Datenstrukturen und effiziente Algorithmen.* Teubner Verlag, 1988.

[9] W. J. Paul and H.-J. Stoß. Zur Komplexität von Sortierproblemen. *Acta Informatica*, 3:217–225, 1974.

[10] W. J. Paul. *Zeitkomplexität von Algorithmen zum Umordnen endlicher Mengen.* Dissertation, Universität des Saarlandes, 1973.

[11] C. P. Schnorr. *Zufälligkeit und Wahrscheinlichkeit*, Lecture Notes in Mathematics Vol. 218. Springer Verlag, 1971.

[12] F. Schulz and E. Schömer. Self-organizing data structures with dependent accesses. In *Proceedings ICALP'96*, LNCS 1099, pages 526–537. Springer, 1996.

[13] C. E. Shannon. Mathematical theory of communication. *Bell System Technical Journal*, 27:379–423, 1948.

[14] H.-J. Stoß. Rangierkomplexität von Sortierproblemen. *Acta Informatica*, 2:80–96, 1973.

Index

Keller/Paul

Hardware Design

Formaler Entwurf digitaler Schaltungen

Das vorliegende Lehrbuch ist aus Vorlesungen des zweiten Autors entstanden. Es beschäftigt sich in mathematisch präziser Weise mit einem ganz und gar praktischen Thema, nämlich dem Entwurf digitaler Hardware. Kapitel 1 enthält eine Diskussion mathematischer Grundbegriffe. In den Kapiteln 2 bis 4 werden die notwendigen theoretischen Grundlagen über Boole'sche Ausdrücke, Schaltkreiskomplexität und Rechnerarithmetik behandelt. Der Übergang von der abstrakten Schaltkreistheorie zum Entwurf konkreter Schaltungen findet nahtlos in Kapitel 5 statt, wo aus den Verzögerungszeiten von Gattern das zeitliche Verhalten von Flipflops und anderen Speicherbausteinen abgeleitet wird. Kapitel 6 enthält dann das vollständige Design eines einfachen Rechners.

Für die 2., bearbeitete Auflage wurden Fehler und Unstimmigkeiten bereinigt und ein Beweis vereinfacht.

Von Prof. Dr.
Jörg Keller
Fernuniversität Hagen
und Prof. Dr.
Wolfgang J. Paul
Universität des Saarlandes

2., bearb. Aufl. 1997.
415 Seiten mit 140 Bildern.
16,2 x 23,5 cm.
Kart. DM 69,80
ÖS 510,– / SFr 63,–
ISBN 3-8154-2304-X

(TEUBNER-TEXTE zur Informatik, Bd. 15)

B. G. Teubner Stuttgart · Leipzig